친구에게 인정받는 아이가 앞서갑니다

친구에게
인정받는
아이가
앞서갑니다

© 김아영

초판 1쇄 인쇄 2024년 12월 1일
초판 1쇄 발행 2024년 12월 12일

지은이 김아영
펴낸이 박지혜

기획·편집 박지혜 **마케팅** 윤해승, 장동철, 윤두열 **경영 지원** 황지욱
디자인 박선향
제작 영신사

펴낸곳 (주)멀리깊이
출판등록 2020년 6월 1일 제406-2020-000057호
주소 03997 서울특별시 마포구 월드컵로20길 41-7, 1층
전자우편 murly@humancube.kr
편집 070-4234-3241 **마케팅** 02-2039-9463 **팩스** 02-2039-9460
인스타그램 @murly_books

ISBN 979-11-91439-57-1 03590

친구에게 인정받는 아이가 앞서갑니다

김아영 지음

멀리가용

친구 많은 아이가
연봉도 더 받는다고요?

최근 한국은행이 흥미로운 연구결과를 발표했습니다. 인공지능(AI) 기술이 발전하면서 협동·협상·설득·공감력 등 이른바 '사회적 능력'이 좋은 사람들의 임금은 높아지는 반면, 수능 점수 같은 인지적 능력이 높은 사람들의 임금은 낮아졌다는 분석이었지요.* 일자리 수에서도 격차가 벌어지는 것이 뚜렷이 보였습니다. 단순 반복 업무는 물론이고, 수학적(인지적) 집중 기술의 일자리조차 사회적 집중 기술 일자리의 가파른 증가폭을 따라가지 못했습니다. 한국은행 오삼일 고용분석팀장은 "웬만한 인지적 업무는 AI기술로 대체가 가능하나 사회적 능력은 대체가 어려우며 교육현장에서 어린 시절부터 타인과 소통하고 협업하는 사회적 능력을 계발하도록

---

* '노동시장에서 사회적 능력의 중요성 증가', BOK이슈노트 보고서

돕는 일이 무엇보다 중요하다."고 강조했습니다.**

이 책을 준비하면서 전국의 선생님들이 모여 있는 커뮤니티에 이제껏 가르친 아이들 중 기억에 남는 아이들에 대해 물어보았습니다. 개중 14년차 중등교사 티끌모아(닉네임) 님이 소개해 준 아이가 정말 인상 깊었습니다.

제가 가르친 중학생 중에는 얼린 물을 일부러 두 개씩 가지고 다니며 친구들이 달라고 하면 주던 남학생이 있었습니다. 학급 회장이었는데 수업을 들으며 노트필기를 정말 열심히 하고 친구들이 원하면 다 빌려주었어요. 운동도 잘하는 데다가 성적도 점점 올랐지요. 모둠원 중 통합반(특수교육) 친구가 있었는데, 차별없이 이끌어 주었습니다. 남학생들이 그 친구의 인성을 높이 평가해서 '형님'이라고 불렀다는 이야기도 들었지요.

친구들로 하여금 저절로 '형님'이라 부르고 싶게 만드는 아이라니, 이후 어떤 집단에 속한들 인정받고 사랑받지 않을 수 있을까요?

초등학교 1학년은 복잡한 수준의 사회성이 발달하는 나이이자 규칙이 분명한 사회를 처음으로 경험하는 때입니다. 학교에서 친구

** "한은 '팀워크·설득력 좋을수록 임금 더 높아'", SBS Biz, 2024년 6월 10일 기사

와 문제가 생기면, 수업에도 집중할 수 없다는 것을 부모님도 경험해 보았을 것입니다. 아이가 행복하려면 많은 시간을 보내는 학교에서의 생활이 행복해야 하고, 학교생활이 행복하려면 친구와의 관계가 좋아야 하지요. 학창 시절의 또래 관계는 성인이 되어 맺는 인간관계의 토대가 됩니다. 초등학교 시절부터 또래 관계를 잘 맺는 아이는 그 경험이 누적되어 중고등 시절에도, 성인이 되어서도 사회생활을 잘할 수 있지요.

2026년 대학입시부터는 학교폭력 가해 학생에 대한 처분 결과가 의무적으로 반영될 거라더군요. 기업 인재 채용 시에도 인성 관련 검사나 면접이 포함되어 있습니다. 사회성 좋은 사람이 성공한다는 말이 빈말이 아니게 된 것이지요. 사회성은 저절로 길러지는 것이 아닙니다. 사회성을 타고나는 아이도 없습니다. 사교성은 타고나는 기질이지만, 사회성은 다릅니다. 사회성은 후천적인 교육으로 길러지는 '성품'입니다. 그래서 꼭 가르쳐야 하지요. 배려나 존중 등의 인성교육도 포함되지만, 상대방에게 분명하게 내 의사를 표현하는 법, 문제를 해결해 나가는 방식, 대처하는 방식 등도 모두 어릴 적부터 배워야 할 사회성입니다.

우리 아이들이 어른이 되어 살아갈 사회는 지금과는 아주 다를 것입니다. 인공지능 시대이니 만큼 지금은 없는 직업도 엄청나게 생겨나겠지요. 사라지는 직업도 많을 거고요. 앞으로 다가올 사회에 꼭 필요한 능력은 바로 사람 간의 공감 능력과 소통 능력, 창의력

친구에게 인정받는 아이가 앞서갑니다

입니다. 인공지능이 영원히 대체하지 못할 단 하나의 과제는 바로 인간관계입니다. 사람과 사람 사이의 유대감은 인공지능이 대신 할 수 없습니다. 인공지능에게 대체되지 않는 인재가 되려면 인간만이 구현할 수 있는 능력에서 앞서 나가는 사람이 되어야 하겠지요.

미국에서는 인재 채용 시, 얼마나 조직 내에서 잘 어우러져 지낼 수 있는 사람인지를 본다고 합니다. 앞으로 대부분의 업무에서 인공지능이 인간보다 뛰어날 테니, 인공지능이 대신할 수 없는 사회성이나 소통, 협업 능력이 좋은 사람을 뽑는 것이 당연한 수순이겠지요.

우리 부모가 아이를 키우는 최종목표도 바로 건강한 사회인으로 독립시키는 것입니다. 아이들은 지금 이 순간에도 엄마아빠를 떠날 준비를 하고 있습니다. 엄마가 하라는 대로 안 하고 자기 멋대로 해보는 것, 아빠 마음에는 들지 않는 일을 고집스럽게 하는 것, 엄마 몰래 자신만의 비밀을 만들어 가는 것. 이 모두가 부모를 떠날 준비입니다. 우리는 언젠가 부모 품을 떠날 아이에게 평생 가져갈 단단한 심지를 심어주어야 합니다. 이 책이 부디 그 심지를 심어줄 수 있는 교보재가 되길 바랍니다.

아울러 책의 중간중간 전국의 선생님들이 만난 참 멋진 아이들의 모습을 조금씩 소개하고자 합니다. 비록 어리더라도 또래유능성(또래와 잘 어울리며 갈등을 원만하게 해결하는 사회적 능력)이 있는 아이들에겐 자신의 삶을 긍정적으로 개척하고 주변 친구들과 집단 자체를 변화시킬 능력이 있다는 사실에 놀라게 되실 겁니다.

이 책에서 권하는 대화의 내용이나 놀이 등은 우리 아이들에게 검수를 받아 실었습니다. 첫째는 어릴 때부터 너무 순하고, 타인의 감정을 우선시하는 아이였습니다. 당하기만 하는 일이 많아서 엄마인 제 속도 많이 끓였지요. 그러던 아이가 점점 할 말은 할 줄 아는 아이로 성장하더니 이제 당당하게 친구 관계를 맺는 초등학교 고학년이 되었어요. 책을 쓰며 아이에게 "엄마가 쓴 내용 검사 좀 해줄래?" 부탁하면서, "이런 조언이 그때 너에게 도움이 되었어? 이런 상황일 때 이런 말을 해주는 게 좋은 것 같니?" 하고 물어봤어요. 딸아이는 엄마가 내는 책이 많은 친구에게 도움이 되어야 한다는 생각에 진지하게 검수해 주었습니다. 몇몇 글은 정말 좋다며 엄지를 들어주었어요. 딸아이는 물론이고, 학급에서 만난 수많은 학생이 저의 교보재가 되어주었습니다.

교실에서 학생들과 지내다 보면 아이들의 표정이 마음을 울릴 때가 많습니다. 친구와 사이가 멀어져 혼자 앉아 있는 아이의 표정, 친구와의 갈등으로 당황한 아이의 표정, 화난 표정, 슬픈 표정, 무기력한 표정, 행복하게 웃는 표정…. 이런 표정들은 제 마음에 콕 박혀 정말 도움이 되는 책을 쓰고 싶다는 원동력이 되어주었습니다. 무엇보다 이 책을 쓰고자 마음 먹은 것은, 부모님의 교육방식이나 가정환경이 아이를 어떤 모습으로 만들어 내는지 가까이에서 지켜보았기 때문입니다. 부모님이 변하시면, 아이 역시 반드시 변합니다.

세상의 모든 아이가 행복하기를 진심으로 바랍니다. 행복하게 자란 아이들이 만든 세상은 정말로 멋질 거예요. 서로가 서로를 존중하고, 배려하고, 따뜻한 말을 나누고, 미소를 지어 보이는 유토피아 같은 사회. 이런 곳에서라면 모두 안심하고 행복하게 살 수 있겠지요. 부모가 행복해야 아이가 행복하다지만, 부모들은 이미 알고 있습니다. 아이가 행복해야 부모도 행복할 수 있다는 사실을요. 아이들이 친구 관계에서 상처받고 힘들어하는 대신 당당하게 헤쳐 나갈 수 있다면 부모들의 근심 걱정 또한 사라지는 게 아니겠어요? 이 책이 행복한 사회로 나아가는 시작이 되어주길, 아니, 작은 발자국 하나라도 남기길 바랍니다.

3팡
또래유능성을 키우는 놀이 사회성 연습

4팡
사랑에도 거리두기가 필요합니다

부록

나가는 말

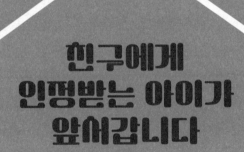

1등

친구에게
인정받는 아이가
앞서갑니다

학업보다 또래 관계가 중요한 이유

초등 저학년 시기, 수업 시간만큼 쉬는 시간이 중요합니다

"선생님, 저희 아이 공부는 잘 따라가나요?"

"학교에서 친구들과 잘 어울리는지 궁금해요."

학부모 상담 시, 가장 많이 받는 질문입니다. 학교 현장에 몸담은 16년 동안 교육의 흐름과 부모님의 성향은 많이도 바뀌었습니다. 하지만 세월이 흘러도 변하지 않는 학부모의 고민 두 가지가 있습니다. 학업과 또래 관계.

제 아이가 초등학교에 들어갈 때 교사인 저도 똑같은 질문을 품었습니다. 이 두 가지가 무엇보다 중요하다는 사실을 알고 있었기 때문입니다. 저의 경우 학업보다는 또래 관계에 관심이 더 컸습니다. 저학년 담임 경력이 대다수인 저로서는, 저학년 때의 학업 수준은 수업만 잘 들어도 따라갈 수 있다는 것을 알고 있었기 때문입니다. 물론 또래보다 좀 더 잘하면 좋겠지만 저학년 때는 너무 뒤처지거나 아주 뛰어난 아이 한두 명을 빼고는 딱히 큰 차이를 보이지 않습니다. 대신 친구들에게 인식되는 모습은 공부 외적인 요소들입니다. 친구를 인정하고 좋아하거나 그 반대가 되는 이유는 따로 있다는 뜻입니다.

학교에서 종일 학생들을 관찰하다 보면, 아이들에게 또래 관계가 얼마나 중요한지 알 수 있습니다. 처음 아이를 입학시킨 엄마의 입장에서는, 초등학교의 하교 시각이 너무 빠른 것 같기만 할 것입니다. 그러나 아이들 입장에서는 결코 짧지 않은 시간입니다. 교실에서 직접 보면 아이들이 얼마나 치열하게 하루를 보내는지 알 수 있습니다. 학교에서의 시간은 크게 수업 시간과 쉬는 시간으로 나뉩니다. 그중 쉬는 시간은 아이들에게 큰 의미가 있습니다. 쉬는 시간에 친구들과 노는 게 재미있어서 학교에 가고 싶어 하기도, 쉬는 시간에 놀 친구가 없어서 학교에 가기 싫어하기도 하지요. 쉬는 시간은 40분 수업 사이에 있는 10분의 짧은 시간 같지만, 이때가 또래 관계를 맺어보는 가장 중요한 시간입니다. 이때 형성한 친구무리가 1년을 쭉 가기도 하고, 이때 벌어진 다툼이 온종일 기분에 영향을 주기도 합니다.

요즘에는 수업 방식 역시 많이 바뀌었습니다. 아이들은 수업 시간에도 친구들과 협력하고 함께 과제를 해결해야 합니다. 최근에는 IB 교육과정*을 도입하여 중점 과제로 추진해 나가는 시도교육청이 늘고 있습니다. 이 교육과정은 지속적으로 상호교류하며 생각을 확장해 나가는 방식입니다. 수업은 보통 학생들이 스스로 떠올린 질문을 기반으로 하여, 친구들과 함께 과제를 해결해 나가는 프로젝트로 이루어집니다. 친구와의 소통이 미숙한 아이들은 수업에 주도적으로 참여하지 못하거나, 다툼을 일으켜 수업을 망쳐버리는 경우까지 있습니다. 이것이 반복되면 친구들은 그 아이와 같은 모둠이 되기를 꺼리거나, 의견을 수용해 주지 않기도 합니다. 또래 관계가 수업에까지 영향을 미치게 되는 것입니다.

이쯤 되면 등교해서 하교할 때까지 아이들의 하루는 또래 관계에서 시작해서 또래 관계로 끝난다고 말해도 과언이 아닙니다. 아이 입장에서 하루의 3분의 1은 학교생활, 3분의 1은 학원 또는 방과 후 생활, 3분의 1은 가족과 생활하는 시간입니다. 그리고 학교생활의 비중은 자랄수록 점점 커져갑니다. 학교에서의 친구 관계는

---

* 스위스의 비영리 교육재단 IBO(International Baccalaureate Organization)에서 연구·개발한 국제 인증학교 교육 프로그램. 서술형 위주의 교육과 자기주도적 학습으로 학생들의 학업 역량, 비판적 사고, 창의성 등을 기르는 데 목표를 둔다. 이미 대구, 제주 지역에서 IB를 도입해 초·중·고교까지 프로그램을 운영하고 있으며 서울, 경기, 부산, 전남, 전북, 충남 등도 IB 교육을 도입하겠다고 밝혔다.

학원이나 방과 후 놀이터에서도 이어집니다. 아이가 부모와 떨어져서 지내는 일과시간 동안, 즐겁고 행복하려면 결국 또래 관계에 문제가 없어야 한다는 뜻입니다.

쉬는 시간, 친구에게 다가가는 법!

쉬는 시간이면 친구들과 어울리지 못하고 혼자 멍하니 자리에 앉아 있는 아이들을 많이 봅니다. 가끔 이렇게 의기소침한 아이들의 모습을 보면 엄마 대신 마음이 아플 때도 있는데요. 아직 관계 맺기에 서투른 아이들에게 친구에게 다가가는 법을 알려주세요.

1. "안녕?": 주위 친구들에게 먼저 인사를 건네라고 해보세요. 저학년 아이들은 인사 하나로도 쉽게 말문이 트인답니다. 소극적인 아이가 용기 내어 먼저 인사하면, 친구들은 반가워하며 알아서 말을 이어 나가 줄 거예요. 새로운 친구에 대한 호응력이 높은 아이들이 많답니다.

2. 친구들을 바라보기: 말을 건네기조차 힘든 아이라면, 친해지고 싶은 친구를 바라보는 것만으로도 관계가 시작될 수 있습니다. 친구에게 다가가기 어렵다고 시선을 마주치지 않고 고개를 푹 숙이고 있다면, 다른 친구들도 먼저 다가서기 힘들어

요. 좋은 친구라면, 눈이 마주친 순간 "너도 같이 놀래?"하고 물어봐 올 거예요.

3. "우와, 필통 예쁘다.": 칭찬은 친구의 마음을 여는 만능열쇠입니다. 친구가 가진 물건에 호기심을 가지고 칭찬해 보라고 알려주세요. 같은 취향을 가진 친구끼리는 쉽게 친해집니다.

4. "너도 동생이 있어?", "작년에 몇 반이었어?", "OOO이 알아?": 공통점을 찾는 질문들입니다. 함께 아는 주제로 이야기를 나누다 보면 금세 가까워질 수 있습니다.

시대가 바뀌며 오히려 중요해진 것은 소통 능력입니다

원격교육이 보편화되고, 재택근무나 직장에 매이지 않는 프리랜서가 많아지면서 드디어 핵개인의 시대가 왔다고 생각하는 사람들도 있습니다. 이제는 인간관계에 얽매이지 않고 혼자서 일하는 세상이 온 거라고요.

정말 그럴까요? 시대가 변하고 개인이 중요한 사회가 될 것만 같았지만, 오히려 시대가 빠르게 변할수록 소통 능력이 더 중요해졌습니다. 이제 개인이 뇌에 저장하는 것보다 AI가 훨씬 많은 지식을 가지고 있고, 답변 또한 빠릅니다. 이런 AI를 개개인이 어떻게 뛰어넘을 수 있을까요? 이제는 일차원적인 연구와 지식을 넘어설 수 있어야 합니다. 앞으로는 다방면의 전문가들이 모여 융합적 지식을 만들어 내야 할 일이 많아질 것입니다. 이미 대부분의 분야가 이런 식으로 일하고 있습니다. 이인식 과학문화연구소 소장은 이미 2009년에, 한국의 미래는 '융합지식'에 달려 있다고 강연한 바가 있습니다. 세계 여러 과학자들도, 웬만한 분야의 지식은 모두 발견되었고 이제는 융합의 시대라고 입을 모으고 있습니다. 새로운 시대를 열었다고 평가받는 아이폰도 이미 있는 기술들을 단지 융합해 놓은 기기입니다.

환경문제를 해결하기 위해서는 환경전문가도 필요하지만, 경제전문가, 인권전문가, 교육전문가, 의학전문가 등이 모두 모여 머리를 맞대야 합니다. 이런 전문가들이 모여 최상의 결과를 만들어 내려면 결국은 서로 조율하고 소통하는 능력이 필수입니다. 결국 사회를 움직이는 모든 일은 사람과 하는 일입니다. 아무리 능력이 뛰어나도 협력과 배려, 소통이 되지 않는 사람은 배제될 수밖에 없습니다.

《최재천의 공부》라는 책의 저자인 최재천 교수님은 미국 사회의 커뮤니티가 어떻게 돌아가는지 언급*한 바 있습니다. 미국에서는 인맥이 중요하고, 서로 만나 소통하는 파티나 행사가 많다고 말입니다. 세계에서 가장 앞서 나간다는 미국이라는 국가가 이렇게

---

* 최재천 교수님 또한 오래전부터 융합 교육을 강조하며 문·이과 폐지를 주장했습니다.

인간관계를 중시하는 데에는 그만한 이유가 있지 않을까요? 가장 선도적이고 창의적인 기업들을 가진 나라 미국에서도 초글로벌 기업으로 꼽히는 구글이 직원들의 업무 효율을 위해 운용하는 방식을 살펴볼 필요가 있습니다. 일과 중 동료와 맥주를 마셔도 되고, 다 함께 어울려 파티를 즐기기도 합니다. 자유로운 소통이야말로 아이디어를 풍성하게 만들고 정보 교류를 활발하게 해 결과적으로 성과를 도출한다고 믿기 때문입니다. 또한, 이 과정에서 자연스레 인간적 신뢰를 쌓습니다. 구글의 전 CEO 에릭 슈미트(Eric Schmidt)는 "내부 소통은 굉장히 중요합니다. 일하고 싶어지게 만드는 제1의 조건이 바로 커뮤니케이션이니까요."라고 말했습니다.

이 책을 읽고 있는 여러분의 육아 최종 목표는 무엇인가요? 아이를 키우며 선택의 순간을 마주할 때마다, 저는 늘 최종 목표를 떠올립니다. 그러면 나아갈 방향이 선명하게 보입니다. 저는 우리 아이를 스스로 행복하게 살아갈 수 있는 사람으로 키우고 싶습니다. 아이가 행복하려면 사회생활의 첫발을 내딛는 학교에서 잘 적응하고 즐겁게 생활할 수 있어야 합니다. 그리고 학교에서의 시간이 즐거우려면 친구들과 사이가 좋아야 합니다.

학교에서 또래 관계가 어려워 상처받고 어두운 표정으로 하루를 보내는 아이들을 매년 봐왔습니다. 그런 아이를 보며 잠 못 이루고 속상해하는 엄마들도 많이 보았습니다. 함께 있을 때 더 행복해지는 가정과 학교를 만들기 위해 우리 노력해 보는 것은 어떨까요?

이 책에서는 열심히 노력해서 혼자만 행복을 독식하는 교육법이 아
닌, 노력할수록 더 많은 사람이 행복해지는 교육법을 소개하고자
합니다. 그러기 위해서 가장 먼저 또래유능성이라는 개념을 소개합
니다.

또래유능성,
골든타임은 초3

엄마에게 터놓는 시기는 초3까지입니다

아이들의 사회성에 관한 연구는 주로 아동 발달심리학과 사회심리학에서 출발되었습니다. 발달심리학을 연구한 에릭 에릭슨(Erik Erikson)은 아이들의 또래 관계가 사회성 발달에 큰 영향을 준다고 하였지요. 이러한 또래 관계를 잘 관리할 수 있는 사회적 능력을 의미하는 용어로 또래유능성이라는 전문적인 개념이 있습니다. 또래유능성이란 또래 내 다양한 상황에서 보이는 사회적 능력을 의미합니다. 이 능력은 아이들의 사회적 적응, 학업성취, 성인이 되었을 때의 사회적 유능성과도 밀접한 관계가 있습니다.

또래유능성이 높은 아이들은 무리 속에서 조화롭게 어울리면서도 당당하게 갈등상황을 해결할 수 있는 자신감을 가지고 있습니다. 자신감이란, 자기 자신을 믿는 감정을 말합니다. 어떤 상황에서 자신을 믿고 용기 있게 나아갈 수 있는 바탕이지요. 친구들과 어떤 갈등을 겪더라도 문제를 성공적으로 해결할 수 있다는 자기 자신에 대한 믿음이 있다면, 또래 관계를 잘해 나갈 수 있습니다. 나와 관계에 대한 자신감은 바로 자신을 믿고 사회적 능력을 발휘하는 아이들의 특성입니다.

친구들과 놀고 싶을 때, 그 무리에 가서 같이 놀자고 당당하게 제안할 수 있는 아이는 대체로 또래유능성이 높은 아이입니다. 반면에, '친구들이 나와 놀고 싶어 할까?' 주저하며 멀찍이 바라보고 있는 아이라면 또래유능성을 키워주어야 합니다. 친구 간에 문제가 생겼을 때도 마찬가지입니다. 또래유능성이 높은 아이들은 친구와의 갈등 상황에서도 적절한 행동을 취할 수 있습니다. 이러한 또래유능성은 가정에서부터 길러지며, 학교에 와서 그 능력을 발휘합니다.

아이들이 행복하려면, 대부분의 시간을 보내는 학교에서 행복해야 합니다. 학교에서 행복하기 위한 필수요건인 또래유능성은 늦어도 초등학교 3학년까지 길러주어야 합니다. 학교에서 아이들을 보면 학년마다 발달단계와 특징이 있습니다. 이 학년별 특징 때문에 초3까지를 골든타임으로 봅니다. 아이들은 초등학교 4학년이 되면 급격히 변합니다. 3학년까지를 저학년, 4학년부터를 고학년이라고 부르는 데에는 그만한 이유가 있습니다.

3학년까지는 아직 어린 티가 납니다. 하고 싶은 말을 천진난만하게 하기도 하고, 음악 시간에는 율동도 신나게 따라 합니다. 그러나 4학년부터는 달라집니다. 교사에게 다가와 모든 것을 일러바치고 보고하던 아이들이 현저히 적어집니다. 아이들에게 그들만의 비밀이 생기고, 선생님에게도 말하지 않는 일들이 많아집니다.

교실에서의 아이들 모습을 살펴봅시다.

1학년은 친구가 놀리면 1초 만에 큰 소리로 외칩니다. "선생님! ○○이가 저 놀렸어요!"

2학년은 친구가 놀리면 "선생님께 이른다?"라고 먼저 경고한 후, 그래도 반복되면 이르러 옵니다.

3학년은 "하지 마! 지킴이한테 말할까?"라고 학생들끼리 문제를 해결하려는 시도를 한 후*, 지킴이에게 말해도 안 되면 선생님에게 옵니다.

그러나 4학년 이후로는 친구가 놀려도 못 들은 척 넘기기도 하고, 친한 친구에게만 하소연하기도 합니다. 선생님이나 부모님의 귀

---

* 보통 3학년쯤 되면 문제상황을 학생들끼리 먼저 해결할 수 있도록 나름의 역할을 정합니다. 질서지킴이, 학급규칙지킴이 등 반마다 역할 이름은 다르지만, 학생들끼리 문제를 해결하기 위한 역할이라는 공통점이 있습니다.

에 들어오는 일들은 참다 참다 안될 때입니다. 물론 고학년 중에 저학년처럼 행동하는 학생이 있을 수 있고, 저학년 중에도 고학년처럼 행동하는 학생이 있습니다. 그러나 대체적인 교실의 분위기가 이렇습니다.

또래유능성이 낮은 상태로 고학년이 되어버리면, 그때부터는 아이의 행동을 바꾸기가 굉장히 어려워집니다. 아이가 처한 문제상황을 집에 가서도 잘 이야기하지 않을뿐더러, 부모의 조언을 흘려듣기 시작합니다. '엄마가 내 친구들에 대해 뭘 알아.' 하는 생각이 피어나기 시작하죠.

"엄마, 오늘 친구 때문에 속상했어."라고 말하는 저학년 때가 아이의 또래유능성을 높여줄 수 있는 좋은 기회인 것입니다. 그렇다고 당장 아이를 불러서, "오늘 무슨 일 없었어?", "친구가 속상하게 하지 않았어?", "누가 괴롭히진 않니?" 하고 물어보지 마세요. 또래 관계에 부정적인 인식을 심어줄 필요는 없으니까요. 이에 관한 이야기는 4장에서 자세히 다루겠습니다.

이 책에서는 초등학생들의 사례 위주로 설명하고 있으나, 더 어린아이들에게도 적용 가능합니다. 또래유능성은 어릴 때 높여줄수록 좋기 때문입니다. 다만, 본격적인 학습과 더불어 친구 관계를 제대로 맺어나가는 초등학생 때와 미취학 시기에 겪는 또래 양상이 일치하지는 않습니다. 발달단계상 만 6세, 그러니까 초등학교 1학년 때가 사회성이 본격적으로 발휘되는 시기이자 복잡한 수준의 사회성이 발달하는 때입니다. 부디 늦지 않게, 초등학교 3학년까지는 꼭 또래유능성을 길러주시길 바랄 뿐입니다.

엄마의 말보다 또래의 인정이 중요해집니다

또래유능성이 중요한 이유는 또 있습니다. 초등학교에 입학하면 아이들은 더 이상 가정의 영향만 받지 않습니다. 아이가 어릴 때는 엄마를 통해 세상을 인식합니다. 엄마와만 제대로 소통해도 잘 교육하며 키울 수 있습니다. 그러나 아이는 곧 사회로 나갑니다. 빠르면 한두 살부터도 기관에 다니지만, 진짜 사회생활의 시작은 학교입니다. 어린이집과 유치원에 보냈는데도, 초등학교 입학식 날이되면 이상하게 뭉클해지는 이유입니다. '이제 진짜 학생이 되는구나.', '정말 사회라는 곳에 발을 내딛는구나.' 하는 마음에 여러 생각이 밀려오지요. 그렇게 엄마 품을 벗어난 아이들은, 이제 엄마 말보다 또래의 인정이 중요한 세계에서 살게 됩니다.

학교에서 친구들이 자신을 어떻게 바라보는지에 영향을 받기 시작하는 것입니다. 친구들이 인정하는 친구를 부러워하기도 하고, 내가 닮고 싶은 친구가 생기기도 합니다. 친구의 인정이 엄마의 인정보다 더 강하게 와닿기 시작합니다. 사춘기로 접어들수록 아이의 인생에서 친구의 비중은 급격하게 커질 것입니다.

이제는 학교에서 친구들이 나를 바라보는 이미지대로 자신을 인식하기 시작합니다. 내가 무언가를 했을 때 또래의 반응에 따라 내가 어떤 사람인지 깨닫게 되는 것입니다. 발표를 했는데 친구들이 "우와, 너 엄청 똑똑하다!"라고 하면, 아이는 자신이 똑똑하다고 생각합니다. 반대로 자신은 똑똑하다고 생각했지만 나보다 더 똑똑하게 여겨지는 아이가 있고, 친구에게 공부로 인정받아 본 경험이 적다면 자신을 똑똑하지 못하다고 생각할 것입니다. 무심코 한 행동인데, 친구들이 "우와! 고마워. 너 진짜 착하다!"라고 말하면 '내가 착한 사람인가?' 생각하게 됩니다. 그런 경험들이 누적되면서 자신을 진짜로 그런 사람이라고 인식하게 되는 것입니다.

긍정적인 경험이 누적된다면 아주 좋은 일이지만, 반대로 부정적인 경험이 누적된다면 어떤 일이 벌어질까요? 그러니 부정적인 경험이 누적되기 전에, 어릴 때부터 또래유능성을 길러주어야 합니다. 우리 아이들이 친구들에게 사랑받는 아이로 클 수 있도록 말입니다.

친구들의 말에 너무 휘청이는 아이에게

또래의 인정이 중요해지는 시기의 아이들 중, 간혹 또래의 말을 너무 크게 받아들이는 아이들도 있습니다. 친구의 인정을 받기 위해서만 행동하거나, 툭 던지는 말에도 크게 상처받는 아이들에게는 이렇게 말해주세요.

친구에게 인정받는 아이가 앞서갑니다

1. "너를 잘 모르는 사람들의 이야기는 중요하지 않아. 너와 너를 사랑하는 사람들의 이야기를 들으면 돼."
2. "누구나 처음부터 잘하진 않아. 잘하고 싶은 마음으로 시도했다는 것이 멋진 거야."
3. "엄마 아빠는 네가 어떤 모습이든지 너를 사랑해. 너는 언제나 가치가 있는 소중한 존재야."

엄마, 학교 가기 싫어

**마음 맞는 친구가 있다는 것만으로도
학교 가는 발걸음이 즐거워집니다**

"엄마, 학교 가기 싫어. 안 가면 안 돼?"

쿵. 마음이 내려앉았습니다. 머릿속에선 비상등이 삐뽀삐뽀 울렸습니다. '큰일이네. 어쩌지. 학교에서 무슨 일이라도 있었던 걸까? 어떻게 설득시켜 가게 할까.' 하는 마음에 불안하고 조급해졌지요.

"선생님, 우리 아이가 학교 가기 싫다고 하네요. 어쩌죠?"

담임교사일 때 종종 듣던 말입니다. 그 이야기를 내 아이의 입을 통해 듣게 되다니. 다행히 저는 적절한 답을 알고 있습니다. 이런 상황에 대비해 동료 선생님들과 자주 협의해 본 덕입니다. 그럼에도 당황스러웠습니다. 그러나 이 순간의 반응이 얼마나 중요한지 알기에, 곧 정신을 차리고 아이에게 이야기해 주었습니다.

"학교는 무조건 가야 하는 곳이야."

먼저 선택의 문제가 아니라 의무라고 단호히 말했습니다.

"아이를 학교에 보내지 않는 부모는, 법적으로 처벌받아."

너무도 딱딱하고 이성적인 답이었지만, 이것이 먼저여야 했습니다. 그다음에 이유를 물었습니다. 만약에 마음을 읽어주기 위해 이유를 먼저 물었다면, 아이는 희망을 품었을 것입니다. '이유를 잘 설명하면 학교에 안 갈 수도 있겠구나!' 그럴 수는 없는 일이었습니다. 아이는 학교가 힘들다는 등의 이야기를 했지만, '아직 학교를 즐겁게 느낄 만큼 친해진 친구가 없겠구나.' 하고 추측했습니다. 그럴 때 아이에게, "친한 친구를 만들어 봐. 누구랑 친해? 선생님께 친구 좀 만들어 달라고 말씀드려 볼까?"와 같은 이야기는 굳이 필요하지 않습니다. 학교는 무조건 가야 하는 곳이라는 것을 알려주고, 피할 수 없으니 제 나름대로 적응하기를 기다려 주었습니다. 곧 아이는 학교에 잘 갔습니다. 그러고 나서 2학년 때는 정말 더 즐겁게, 3학년 때는 더 즐겁게 다녔지요. 얼마 전에는 "엄마! 학교가 정말 재밌어!"라고 했습니다. 뭐가 그렇게 즐겁냐고 했더니, "쉬는 시간에 친구들과 노는 게 재밌어!"라는 답이 돌아왔습니다.

아이가 기관이나 학교에 가기 싫다고 하면, 부모들은 비상 상황이라 느낍니다. '학교에서 혼이 났나? 친구들과 못 어울리는 건가? 선생님이 무섭나? 수업이 재미없나?' 오만가지 생각이 다 듭니다. 그러나 대부분의 아이는 친한 친구가 생기면 그 이유 하나만으로 학교 가는 발걸음이 즐거워집니다. 그래서 또래 관계, 또래유능성이 중요한 것입니다.

비단 초등학생 시기에만 한정된 상황이 아닙니다. 앞으로 중학교 3년, 고등학교 3년, 대학 생활, 그리고 어른이 되고 난 후에도 사회생활은 모두 비슷합니다. 회사를 때려치우고 싶지만, 함께 커피 한잔하며 하소연할 수 있는 동료가 있다는 것만으로 힘을 얻고 다시 업무를 시작할 수 있습니다. 그런데 동료관계에 트러블이 생겨 마음이 영 불편하다면? 업무는 고사하고 그 공간에 가기조차 싫을 것입니다. 어른도 이런데 하물며 어린아이들은 어떨까요?

어리기 때문에 민감한 일도 금방 잊고 헤헤거릴 수 있는 면도 분명 있습니다. 어른보다 경험이 적다는 것은 아이들에게 오히려 좋은 점입니다. 경험이 적으므로 부정적인 경험의 누적도 적습니다. 그래서 아이들은 순수하게 다가갈 수 있습니다. '나를 거부하면 어쩌지?' 하는 생각보다는 '누구에게든 다가가서 말 걸어봐야지.' 먼저 생각하고, '나를 거부했네?'라는 생각보다는 '응? 뭐지? 다른 친구에게 가보지 뭐.'라고 순수하게 시도할 수 있습니다. 이 순수한 시도가 부정적인 경험으로 누적되어 사라지지 않도록 어릴 때 손

써주어야 합니다. 그러니 늦어도 초3 이전까지는 열심히 가르쳐 주자는 것입니다. 학교 생활을 시작하자마자 "이야, 넌 좋은 친구야!"라고 인정받게 되면 고학년부터는 스스로 그런 행동을 선택할 것입니다. '나는 멋진 친구니까! 멋진 친구라면 자고로 이래야지!' 하고 자신을 인식하고 그에 맞는 행동을 하게 되는 것입니다. 그러면 그 이후로는 적어도 친구들이 이해가능한 범위 안에서 행동할 수 있습니다.

또래유능성이 높은 아이는 스스로
헤쳐 나갈 수 있습니다

학교에서는 모든 일과가 과제이고, 눈치 게임이며, 스스로 자기 행동을 결정해 보는 경험입니다. 이 일과를 치러내는 중에 또래끼리 수많은 언어적, 비언어적 소통이 오갑니다.

"고마워. 네가 도와줘서 금방 끝났네!"

"아니, 이것 좀 치우라고. 네가 어지른 게 내 자리까지 넘어오잖아!"

"너 때문에 우리 팀이 졌잖아!"

"우와, 너 진짜 멋지게 만들었다!"

"나랑 화장실 같이 갈래?"

"내 것 빌려줄게, 이거 써."

작은 사회라고 불리는 학교의 교실공동체 안에서는 하루에도 수많은 일들이 일어납니다. 학창 시절 동안 매년 마주할 상황들이지만, 첫 단추라고 할 수 있는 초기의 경험이 아이에게는 강하게 영향을 미칩니다. '나는 이런 상황에서 어떤 행동을 선택하고 어떤 결과로 이어지게 하는 사람인가'에 대한 자기 인식이 형성됩니다. 또래 사회에서 인정받을 만한 행동을 선택하여 수용받고, 긍정적인 반응을 얻어본 아이는 또래유능성이 더 높아집니다. 반면에, 그렇지 않은 행동을 선택하여 거부당하고, 부정적 반응을 받은 아이는 또래유능성이 낮아질 뿐만 아니라 타인에 대한 불신과 분노까지 가질 수 있습니다. 그렇게 시작된 또래 관계는 빨리 개선하지 않으면 부정적 경험으로 축적되기 시작합니다.

요즘은 맞벌이와 보육 기관의 보편화로 인하여 아이와 많은 시간을 함께 보내지 못하는 가정이 많습니다. 종종 학생의 문제행동을 상담하다 보면, 학부모님에게서 이런 말을 듣습니다.

"선생님, 솔직히 저도 제 아이를 잘 모르겠어요."

"제가 일을 하다 보니 저녁이 되어서야 집에 가서요…."

처음에 이런 이야기를 들었을 때 적잖이 놀랐습니다. 아이를 가장 잘 알 수밖에 없는 부모님이, 어쩌면 아이의 모습을 가장 모를 수도 있겠다 싶었습니다. 집에서 부모가 볼 수 있는 아이의 모습은, 혼자서 무언가를 하는 모습이거나 가족들과 함께하는 모습입니다. 가족들과 있을 때는 경쟁상대도, 많은 수의 또래도 없으며, 아이의 요구를 들어줄 수 있는 양육자가 늘 있기에 학교에서와 같은 모습을 볼 순 없습니다. 학교에서는 다수의 학생을 지도해야 하는 선생님 한 분이 20~30명의 학생들과 함께 생활합니다. 아이의 일거수일투족을 일대일로 관찰하며 조언해 줄 부모는 옆에 없지요. 아이는 매 순간 자기 행동을 스스로 판단하고 결정해야 합니다.

그러니 집에서 아이에게 해줄 수 있는 최선은, 아이가 적절한 행동을 선택할 수 있도록 돕는 일입니다. 어디에 가서든 자신 있게 관계를 맺을 수 있도록 또래유능성을 최대한 키워서 사회로 내보내야 합니다. 그러면 '이럴 땐 어떻게 해야 할까요? 저럴 땐 어떻게 해주어야 하죠?'라는 많은 궁금증이 한 번에 해소됩니다. 가정에서 단단하게 또래유능성의 초석을 쌓아주고, 그다음은 기다려 주면 되기 때문입니다.

아이들은 언제나 과정 중에 있습니다. 집에서 또래유능성의 열쇠를 쥐여 주면, 아이는 그 열쇠로 어떤 커다란 문이건 열고 나아갈 수 있을 것입니다.

우리 아이의 또래집단 속 모습을 알 수 있는 방법

1. 형제 관계에서 아이가 어떤 모습을 보이는지 관찰합니다. 부모가 직접 지켜보지 않는 상황에서의 모습을 살펴보세요. 방 안에 들어가서 귀 기울여 들어보거나, 부모님이 없을 때 어떻게 행동했는지 다른 형제가 일러주는 이야기를 들어보면 짐작이 가능합니다(→214쪽 '형제와 연습하는 친구 관계' 참고).

2. 놀이터에서 친구들과 어울리는 아이의 모습을 관찰합니다. 이때 적절히 아이에게 조언해 준다면 훌륭한 또래 관계 연습이 될 수 있습니다(→152쪽 '다가가는 연습: 놀이터에서 사회성 배우기' 참고).

3. 무엇보다 담임선생님과 상담해 보세요. 단, 학기 초보다는 적어도 2~3개월이 지난 시점에 여쭤보는 게 좋습니다. 선생님들이 대체로 돌려서 좋게 말씀해 주시기 때문에 "솔직하게 말씀해 주셔도 괜찮습니다. 정확하게 알고 싶어서요."라고 말씀드리면 더 확실한 정보를 얻을 수 있습니다. 그리고 저 말을 건넬 때는 정말로 아이에 대한 단점을 듣더라도 수정의 기회로 삼고 감사하게 받아들일 수 있어야 합니다.

친구에게 인정받는 아이가 앞서갑니다

엄마도 친구 때문에
울어봤어

어쩌면 진짜 상처받은 건 아이가 아니라 '나' 아닐까

"엄마, 친구 때문에 너무 속상해. 훌쩍."

민지(가명)의 말에 엄마는 가슴이 철렁합니다. 민지 엄마는 이걸 어떻게 해결해 주어야 할까 허둥대며 밤잠을 못 이루었지요. 민지 엄마는 걱정스러운 마음에 하교 시각에 맞춰 아이를 데리러 갑니다. 그런데 놀랍게도 민지는 다시 그 친구와 웃으며 어울리고 있습니다. 민지 엄마는 매의 눈으로 민지와 친구의 놀이 장면을 지켜봅니다. 친구가 우리 아이에게 마음에 들지 않는 행동이라도 하면 그 아이가 밉습니다. 참다 참다 친구 엄마에게 말했더니 놀라운 반응이 돌아옵니다. "우리 애가 민지를 좋아해서 그랬나 보네요." 또는 "우리 아이 말은 다른데요?" 이런 이야기를 들으면, 역시 애나 어른이나 똑같다며 그 집을 멀리해야겠다고 생각합니다. 그렇게 민지의 친구를 하나씩 하나씩 쳐냈더니 마음에 드는 친구가 하나도 남지 않습니다.

저도 한때 민지 엄마와 같았습니다. 그러나 어느 날 문득 이런 생각이 들더군요. 어쩌면 아이보다 내가 더 상처받고 있는 건 아닐까.

아이들이 어릴 때는 엄마가 옆에서 노는 것을 지켜봐 줄 수라도 있습니다. 그러나 곧 아이들은 대부분의 시간에 엄마가 없는 곳에서 친구들과 관계를 맺습니다. 그리고 그 모든 관계를 스스로 발전시켜 나가야 하지요. 우리가 아이에게 주어야 하는 것은 모든 상황에 대한 답이 아닙니다. 더 이상 엄마에게 친구 관계를 의논하지 않는 나이에, 더 많은 문제에 봉착했을 때도 스스로 판단하고 적절한 행동을 선택할 수 있도록 단단한 초석을 마련해 주어야 하는 것입니다. 상처받을 만한 모든 상황을 막아주고, 미운 친구와는 단절시키는 것이 해결책은 아닙니다. 아이가 감당할 수 있을 만한 자잘한 경험들은 아이가 성장할 수 있도록 돕는 발판이 되어줍니다.

여덟 살의 아이가 학교에서 겪는 일들은 여덟 살이 감당할 만한 일입니다. 미취학 아이들이 기관에서 지낼 때 교육보다는 보육

중심으로 커리큘럼을 짜는 것은, 그 나이가 감당할 수 있는 범위의 환경을 만들기 위함입니다. 초등학교에서 담임선생님이 교실에 상주하는 것도, 중고등학교에서는 교실이 아닌 교무실에 있는 것도, 그 나이 아이들이 감당할 만한 범위의 사회 환경을 조성하기 위함입니다. 이제 아이들은 엄마 없이 부딪히는 문제들을 스스로 해결할 수 있는 나이가 되었고, 또 그럴 수 있어야 합니다.

엄마들은 아이를 너무 과소평가하고 있습니다. 아이가 이 조그마한 상처로 회복 불능이 되어버릴까 봐 두려워합니다. 그러나 정작 누가 두려운 걸까요? 아이일까요? 부모일까요?

넘어져 본 아이만이 넘어지지 않는 법을 배울 수 있습니다

왜 우리는 아이가 친구 때문에 속상하다고 할 때마다 그리 두려웠을까요? 아이의 현재에 나의 과거를 대입하게 되기 때문입니다. 나를 꼭 닮은 모습으로 세상에 나온 아이에게 엄마 아빠는 모성애도 부성애도 느끼며 온 사랑을 주게 됩니다. 그런데 그 사랑으로 인해 종종 아이와 자신을 동일시하기도 합니다. 평생 극복하고 싶었던 단점을 아이에게서 발견하면 아이보다 부모가 지레 두려워집니다. 아이는 나와 같은 단점을 가지고도 다른 경험을 할 수도 있습니다. 아이는 이 단점을 외려 긍정적인 방향으로 이용할 수도 있지요. 그런데 아이가 상처받지 않기만을 너무도 바라다 보면 밝은 미래보다는 부모 본인의 아픈 과거를 겹쳐보게 됩니다.

　엄마아빠가 회상하는 과거의 상처는 중고등학교 시절의 일이므로, 더 복잡하고 해결하기 어려운 문제였을 것입니다. 특히 여성들은 섬세하게 관계를 맺어가므로 속상함도 더 크게 느낍니다. 그때 짙게 각인된 속상한 마음과 관계의 상처가 아이의 친구 관계에 중첩되어 괴롭게 느껴지는 것입니다. 아이는 1만큼의 일을 겪었는데, 엄마는 10만큼의 일이 다가올 것을 미리 걱정하고 상상하여, 10만큼 두려워합니다. 때로는 자신의 상처가 다시 고스란히 느껴지기까지 합니다. 꼭 엄마들만 집어 말하는 것은 아닙니다. 학창 시절에 친구들에게 괴롭힘당하고 폭행당했던 아빠가, 아들에게 운동을 가르치는 마음도 같습니다. 사랑하는 내 아이는 거친 세상에서 좋은 것만 느끼고 좋은 것만 보고 살길 바라는 마음, 그 마음은 어느 부모나 마찬가지입니다. 저는 학교에서 수없이 많은 아이의 모습을 봐왔습니다. 그렇기 때문에 어느 아이 하나 좋은 일만 겪으며 지낼 수는 없다는 것을 알고 있음에도 바랍니다. 내 아이는 상처받지 않기를.

　그렇지만 상처받지 않게 하겠다고 꽁꽁 싸매고 모든 것에 불을 켜고 경호원 같은 부모가 되어서는 안 된다는 것 또한 압니다. 아이들은 그 나이대에 겪을 것을 겪어야 언제 마주할지 모를 문제에 대처할 수 있기 때문입니다. 평생 한 번도 돌부리에 걸리지 않고 걸어가는 사람은 없습니다. 작은 돌부리에 걸려 넘어지며, 이것이 얼마

친구에게 인정받는 아이가 앞서갑니다

만큼 아픈지, 다시 넘어지지 않으려면 어떻게 중심을 잡아야 하는지는 몸소 겪어본 사람만이 얻을 수 있는 교훈입니다. 그리하야 커다란 돌부리를 마주했을 때, 걸리더라도 덜 아프게 착지하거나, 안전하게 돌아가기를 선택할 수 있는 것입니다.

엄마도 친구 때문에 울어봤어

저 또한 교우관계에서 깊게 상처받은 적이 있습니다. 중학교 때 친한 친구무리를 주도하는 아이가 저를 빼놓고 놀기 시작한 것입니다. 이제 친구가 없다는 생각에 매우 우울했습니다. 쉬는 시간에도 언제나 함께 있던 친구들과 떨어져 혼자 덩그러니 있어야 했고, 급식 시간에도 혼자 밥을 먹어야 했습니다. 세상이 다 무너지는 것 같았지요. 수업 중에 선생님이 친구 관계에 관해 이야기하셨는데, 갑자기 서러움이 밀려와 울음이 터질 뻔했습니다. 그때 얼마나 울음을 참으려고 애썼는지가 아직도 기억에 진하게 남아 있습니다. 부끄럽게 엉엉 소리 내어 울 것 같아 고개를 푹 숙이고 정말 이를 악물고 참았습니다.

선택을 해야 했습니다. 그냥 그대로 아무 액션도 취하지 않고 외톨이로 지내는 것도 선택지일 수 있습니다. 당황스러운 상황에서 제가 내린 선택은 더 나은 친구를 사귀는 것이었습니다. 다른 무리의 친구 중 평소 우호적이었던 친구에게 다가가 함께 놀았습니다.

41

그러자 저를 미워하던 아이도 더 이상 저를 두고 놀리듯 밀당을 할 수가 없었고, 저는 더 착한 친구들과 어울리며 스트레스받지 않을 수 있었습니다. 그 후 이전 무리 친구들은 서로 한 명씩 따돌려가며 상처를 주고받으며 지내더군요. 차라리 그때의 상처가 그 무리에서 빠져나올 수 있는 기회였다는 생각이 들 정도였습니다. 그 경험이, 친구 관계에서 스트레스가 있으면 전반적인 학교생활을 제대로 할 수 없다는 사실도 알게 해주었습니다. 그런 경험들로 인해 아이에게 말해줄 수 있습니다. "엄마도 상처받아봤어."

저의 부모님은 제가 그런 경험을 했었다는 것도 모르십니다. 말하지 않았으니까요. 아마 우리 아이들도 고학년부터는 말하지 않고 혼자 떠안는 상처가 생길 것입니다. 그렇지만 과거의 경험으로 인해 아이도 믿고 바라봐 줄 수 있습니다. 과거 상처에 초점을 맞추지 말고, 그걸 스스로 극복해 냈던 나에게 초점을 맞추어 보세요. 상처 입었었지만, 그럼에도 스스로 빠져나왔던 내 자신에게요. 그러면 아이가 스스로 걸어 나오는 과정도 기다려 줄 수 있습니다.

아이가 상처 입을까 봐 두려워하는 대신 오히려 부모의 상처와 극복 경험을 들려주세요. 그때 상처받았던 아이가 얼마나 멋진 어른으로 자랐는지도요. 아이 입장에선, 이렇게 자신의 고백을 공유하는 부모님을 내 마음을 이해해 주는 존재로 여기고 자신의 고민도 더 쉽게 나눌 수 있습니다. 친구가 외모로 놀렸다며 속상해하는 아이에게 저는 말해주었습니다.

"엄마가 어릴 때 친구들이 입술이 두껍다며 놀렸어. 그런데 세월이 지나니 두꺼운 입술이 매력적인 입술이라고 불리더라? 남들은 두꺼운 입술을 갖고 싶어서 화장도 하고, 주사도 맞는데, 엄마는 이미 두꺼운 입술을 가졌으니 얼마나 좋아? 남들이 너를 어떻게 보는지는 중요하지 않아. 네가 자기 자신을 자랑스레 여기면 돼."

우리는 할 수 있는 만큼의 사랑을 보여주고, 아이가 걸어 나올 문 앞에서 두 팔 벌리고 안아주면 됩니다. "정말 잘했어."라는 말과 함께요.

"엄마는 너를 스스로 헤쳐 나갈 수 있는 사람으로 키워줄 테니, 잘 극복해 보길 바라. 한 번도 상처받지 않고 살 수는 없어. 그러나 너는 잘 헤쳐 나갈 수 있어, 엄마처럼. 그리고 그 상처를 극복한 경험이 너를 더 멋진 사람으로 만들어 줄 거야. 어떤 일이 닥쳐도 해낼 수 있다는, 너 자신에 대한 믿음을 줄 거야."

선생님이 기억하는 멋진 아이 1

초등학교 1학년 담임을 할 때 키가 많이 작아서 친구들에게 꼬맹이 같다고 놀림받던 아이가 있었습니다. 하지만 그런 얘길 들어도, "난 작아도 괜찮아. 원래 어린이는 작은 거야."라고 대답하던 모습이 멋진 아이였지요. 친구들이 너무 못되게 말할 때는 참고 있다가, 자기 화가 가라앉았을 즈음에 "아까 네가 그렇게 말한 것 사과받고 싶어."라고 말하더라고요. 말을 유하게 하니까 친구들도 모두 이 아이를 좋아하고 귀여워했어요. 아이의 어머님이 매일 동화책을 읽어주시고, 세계역사책도 읽어주셔서 별자리나 신화상식도 풍부했습니다. 아이가 그림 그리는 것도 좋아했는데, 어머님이 그 그림들을 스캔해서 문예잡지에 보내기도 했습니다. 어머님의 교육 덕분인지 아이의 언니도 성품이 온화하고 훌륭했어요. 내가 강하고 단단하면 그 누구에게도 상처받지 않을 수 있다는 걸 그 아이를 통해 배웠습니다.

-15년차 초등교사 석○서 선생님

초등학교 6년 동안
정말로 선행해야 하는 학습은,
태도

또래유능성 높은 아이가 공부도 잘합니다

대한민국은 역사적으로 교육에 대한 열의가 높은 나라입니다. 전쟁통에도 학교는 쉬지 않았던, 교육의 힘 하나로 한강의 기적을 일으킨 나라입니다. 대한민국은 풍요로운 자원도, 젖과 꿀이 흐르는 땅도 없이 인재를 키워내며 이만큼의 발전을 이루었습니다. 덕분에 선진국이 되었음에도 여전히 교육적 열의는 높기만 합니다. 거의 모든 아이가 학원에 다니고, 선행교육을 흔하게 받습니다. 영어는 물론이고 수학, 논술, 과학실험, 한자, 줄넘기, 피아노, 미술 등 수많은 학원이 있습니다. 부모들은 아이가 어릴 때는 예체능 학원만 보내다가도, 곧 조급함에 학습식 학원을 보내기 시작합니다.

학군지일수록 학습식 학원에 다니는 수는 많습니다. 그런데 요즘에는 일찍부터 시작했다가 공부에 지쳐 정말 중요한 시기에 공부를 놓아버리는 학생도 많습니다. 학교에 있다 보면 저학년 때는 똑똑했는데, 고학년이 되면서 더는 열심히 하지 않는 아이들도 있고, 저학년 때는 두각을 보이지 않았는데, 고학년이 되면서 공부를 잘하게 된 아이들도 있습니다. 그런 모습을 흔치 않게 봐왔기에 내 자녀는 학원을 늦게 보내고 싶었습니다. 공부는 하기 싫은 것이라고 느끼게 하고 싶지 않았습니다. 학원에서 미리 배워서 학교 수업 시간을 시시하고 지루한 시간이라고 느끼게 하고 싶지 않았습니다. 우리 아이들은 선행을 일절 하지 않았기에 오히려 수업 시간에 더 집중할 수 있었습니다. 둘째는 특히 담임선생님들께 이런 말을 자주 들었습니다. "어머니, 수업 시간에 뭔가 색다른 답이 필요하다, 창의적인 대답이 필요하다 싶을 때는 강률이에게 발표시켜요. 강률이의 발표를 친구들도 재밌어 하고요."

학원에서 미리 배워온 아이는 정석적인 답만 내놓지만, 수업 시간에 처음 그 내용을 배운 아이는 나름의 사고를 통해 창의적으로 문제를 해결하기도 하고 재미있는 발표를 하기도 합니다. 잘 풀리지 않는 문제는 끝까지 풀어보려고 끙끙대기도 합니다. 저는 그런 아이들과 수업할 때 정말로 재미있습니다. 선행을 하지 않아도,

친구에게 인정받는 아이가 앞서갑니다

수업에 잘 집중하고 열심히 참여하면 충분히 인정받고 친구들의 존경을 받을 수 있습니다.

우리 아이들이 더 늦기 전에 꼭 배워야 할 것은 영어단어 몇 개가 아닙니다. 단순 암기라면 중고등학교 가서는 100개, 1000개도 외울 수 있습니다. 초등학교 4학년이 중1 수학을 풀어내는 것보다, 중학교 1학년이 중1 수학을 푸는 게 훨씬 효율적이지요. 공부는 늦게라도 해야겠다는 의지만 있으면 얼마든지 할 수 있습니다. 심지어 고등학교 때까지 전교 꼴등을 하다가 정신을 차려 서울대에 입학한 사례도 있습니다. 〈대학전쟁〉이라는 프로그램에 서울대생 대표로 참가한 출연자가 그랬고, '공부의 신'으로 불리는 강성태 님도 그랬습니다.

반대로, 공부는 잘하지만 태도가 별로인 아이라면? 친구들은 그 아이를 어떻게 생각할까요. 공부는 잘하는데, 자신이 아는 것을 뽐내기에 급급한 아이들은 모르는 친구를 무시하는 발언을 하기도 합니다. 친구들 사이에서 한번 형성된 이미지는 바꾸기가 굉장히 힘듭니다. 한번 머릿속에 자리 잡은 고정관념을 깨부수기가 힘든 것처럼 말입니다.

공부만 시키는 대신 아이의 또래유능성을 키워주어, 문제없이 학교생활을 하고 친구 관계를 성공적으로 맺는다면, 자존감이 높아질 것입니다. 그렇게 올라간 자존감은 아이가 스스로 공부도 하고 싶게 만듭니다. 학교에서 친구들에게 인정받고 사랑받는 아이는, 학교에서 빼놓을 수 없는 '공부'라는 부분에서도 인정받고 싶어집니다. 그것이 스스로 하고 싶어서 시작하는 공부입니다. 아이가 처음 만나는 사회인 학교에서 공부보다 태도를 먼저 익혀야 하는 이유입니다.

친구들에게 진짜로 인정받는 친구

민준(가명)이라는 아이의 담임을 맡았을 때의 이야기입니다. 민준이는 꽤 명석했지만, 교우관계에서 문제를 많이 일으켰습니다. 반 아이들은 민준이를 보며 "쟤는 원래 저래요."라고 말하며 혀를 내둘렀습니다. 이미 작년부터 민준이에게 피해를 입어, 다가가기를 꺼리는 학생들이 대부분이었습니다. 수업 시간에는 발표도 잘하고 똑똑한 모습을 보였지만, 그럼에도 아이들은 민준이를 좋아하지 않았습니다. 늘 친구들을 함부로 대하고 잘난 척만 하니 아무도 민준이를 똑똑한 친구라고 인정해 주지 않았습니다.

그 해 같은 반에 희철(가명)이라는 아이가 있었습니다. 희철이는 학습으로 치자면 부진했습니다. 민준이가 비웃을 정도로 학습을 따라오기 힘들어했지요. 그러나 희철이는 친구들과 함께일 때 늘 배려심이 넘쳤습니다. 그래서 민준이가 희철이를 괴롭히기도 했습니다. 민준이 같은 아이에게는 희철이가 딱 만만한 상대였을 것입니다. 교실에 있는 한은 그러지 못하게 지도했지만, 학교를 마치고 동네 놀이터 등에서 괴롭혔다는 제보를 종종 받았습니다. 그러나 희철이는 친구들에게 사랑받았습니다. 비록 공부는 못했을지언정 희철이와 놀면 친구들은 모두 웃을 수 있었습니다. 희철이는 방과 후에 남아 저와 함께 보충학습을 진행했습니다. 희철이는 느린 학습자였지만, 한 가지를 더 배울 때마다 환하게 웃었습니다. 저는 아이들 앞에서 희철이가 얼마나 노력하는지를 칭찬해 주었습니다.

친구들은 어떤 친구를 인정해 줄까요? 공부를 잘하는 민준이 일까요? 다들 예상하듯 친구들과 관계가 원만한 희철이입니다. 초등학교 시절, 특히 저학년 때는 공부가 중요한 것이 아닙니다. 정말 선행해야 할 것은 학습이 아니라, 태도인 것입니다.

태도를 제대로 배워놓지 않으면, 옳지 못한 행동과 습관이 누적되어 나중에는 부모도 감당할 수 없게 됩니다. 민준이는 다행히 그해에 정말 많이 좋아졌지만, 그렇지 않은 아이들이 수없이 많습니다. 개선되지 않은 학생들은 친구들이 모두 자신을 미워한다며 분노를 품고 더욱 비뚤어져 갑니다. 그리고 그 상태로 고학년으로, 중학생으로 커버리면 손쓸 수 없게 되어버립니다.

학창 시절의 또래 관계는 성인이 되었을 때의 사회생활에까지 영향을 주는 중요한 경험입니다. 미국의 유명기업인 구글에서는, 동료평가를 아주 중시한다고 합니다. 소통과 협력을 잘하는가를 동료들에게 평가받는 것입니다. 구글은 멋진 복지를 제공하는 꿈의 직장으로 유명하지만, 직원들의 관계에 해가 되는 사람은 냉정하리만

치 끊어냅니다. 구글의 그런 모습을 국내 여러 기업도 따라가고 있습니다.

2018년에 잡코리아와 알바몬이 진행한 설문조사에서 '직장 내 소통 장애를 경험한 적이 있다.'고 대답한 응답자는 79.1퍼센트나 되었고, '소통 단절이 근로의욕을 꺾는다.'고 대답한 사람도 39.8퍼센트로 집계되었다고 합니다. 직장 내 소통 단절이 업무 효율에도 문제를 야기하고 있는 것입니다. 이 문제를 기업들이 가만히 둘까요?

4차 산업혁명의 소용돌이를 관통하고 있는 지금, 대부분의 세계 대학에서는 글쓰기와 구술면접으로 인재를 뽑습니다. 우리나라는 아직 수능을 치고 있지만, 수능이라는 입시제도를 바꿔야 한다는 논의가 계속해서 나오고 있지요. 인공지능에게 언제든 대체될 수 있는 영어단어 암기가 단순한 지식 습득은 필요하지 않다는 것입니다. 인공지능의 수준이 아무리 높아져도 절대 대체되지 않는 것은 인간의 소통과 공감 영역입니다. 아무리 똑똑한 인공지능도 따라할 수 없는 영역이 인간관계이지요. 세계적으로 유명한 미래학자 레이 커즈와일(Ray Kurzweil)은 인공지능이 인간의 직업을 대체할 시기를 2025년부터라고 예측했습니다. 그리고 2045년이 되면 대부분의 직업이 인공지능으로 대체될 것이라고 봤지요. 정확히 우리 아이들이 직업인이 되었을 때입니다. 어떤가요? 이제부터야말로 타인과의 소통, 공감, 교류가 중요한 것이 아닐까요.

친구에게 인정받는 아이가 앞서갑니다

아이들이 정말로 선행해야 할 것은 공부나 학습이 아닙니다. 바로 타인에 대한 태도인 것입니다.

친구들이 사랑하는 아이들의 특징

---

1. 친구의 마음을 잘 공감해 줍니다.

2. 친구의 말을 집중하여 잘 들어줍니다.

3. 친구가 필요로 할 때 다가가 줍니다.

4. 감정을 정제하여 말로 잘 표현할 수 있습니다.

5. 서로 다른 의견도 잘 조율합니다.

6. 친구들이 싫어하는 말과 행동을 하지 않습니다.

똑똑한 애들을
기준으로 쓴 육아서에 현혹당해선
안 되는 이유

너무 이상적이고 친절한 육아서들

독자들은 똑똑합니다. 예전에야 '우리 아이 이렇게 키워서 이렇게 멋진 성과를 냈어요.' 하는 책들을 보면서 '우와! 대단하다. 나도 우리 아이를 이렇게 키워내고 말겠어!' 하며 사서 읽었지만, 이제는 나름의 판단을 내립니다. '이건 아이가 원래 뛰어난 거였군.', '이미 타고난 재능이 있는 아이여서 가능했네.'와 같이 판단합니다.

대부분의 육아서는 출발선부터가 다른 것을 애써 숨기고 결과만을 내세워 홍보합니다. 어떤 아이들은 기질적으로 순하고, 부모의 지시를 잘 따릅니다. 어떤 아이들은 유전적으로 높은 수준의 지능과 재능을 타고나기도 합니다. 곧 독자들은 아이의 학습력과 환경이 출발선부터 다른데 어떻게 이것이 부모의 교육법 때문이냐고 의구심을 가지게 됩니다.

저 역시 마찬가지였습니다. 많은 육아서는 저의 고개를 갸웃하게 만들었습니다. 너무도 이상적인 내용들이 담겨 있었기 때문입니다. 게다가 현실과 달리 육아서에서 소개하는 방식들은 너무도 친절했습니다. 현실은 그렇게 온화하고 평화로운 방식으로 돌아가지 않는데 말입니다. 책들의 조언은 대체로 이랬습니다. '아이의 감정을 먼저 살펴봐 주세요. 기죽지 않게 칭찬해 주세요. 혼낼 때는 아이가 자존심 상하지 않게 해주세요. 바쁘더라도 아이가 요청하면 우선 들어주세요.' 육아서에서 최우선은 아이의 감정이며, 어른은 자신의 상황과는 상관없이 아이를 최우선으로 대해주어야 합니다. 그러나 현실이 어디 그런가요. 부모들은 너무도 바쁘고, 지쳐 있습니다. 사회에서 만나는 어른들은 더욱 바쁘고, 효율적으로 모든 것을 처리합니다. 만나는 아이들 하나하나 세심히 살펴줄 여력이 없습니다.

어른뿐만이 아닙니다. 아이가 만날 친구들은 어떠한가요. 친구들은 내 아이의 감정부터 살펴봐 주지 않습니다. 대부분 자기 자신의 마음이 우선입니다. 그런 사회에서 살아가야 합니다. 집에서 아무리 아이의 감정부터 살펴봐 준다고, 정말로 그 아이가 행복하게 자랄 수 있을까요. 오히려 집에서와 바깥에서의 괴리로 아이는 혼란스러워질 것입니다.

아이가 초등학교에 입학할 즈음엔 단호하게 사회의 규칙을 알려주어야 합니다. 학교에 가면 잘했으면 잘했다고 칭찬받고, 잘못된 행동은 잘못했다고 질책받습니다.* 선생님뿐 아니라 또래 친구들도 함께 질책합니다. 눈빛으로, 그리고 피하는 행동으로요.

학교에서는 친구를 때렸을 때, 네가 왜 친구를 때리고 싶었고, 왜 그러면 안 되는지를 매번 길게 들어줄 수 없습니다. 친구 입장에서도 오늘 아침 기분이 어땠기에 나를 때렸는지에 대해 이해하고 싶지 않습니다. 그저 잘못했으면 잘못했다고 혼이 나야 합니다. 미리 집에서 단호하게 조절하는 능력을 키워오지 않으면, 학교에서 자주 혼이 납니다. 선생님께 자꾸 이름이 불리고, 친구들은 피하기 시작합니다. 부정적인 피드백이 쌓이면, 스스로도 자신을 부정적으로 인식합니다. '나는 늘 혼나고, 잘못된 행동을 하는 못난 아이야.' 그렇게 되면 자존감 높게 큰다는 것은 매우 힘든 일이 됩니다. 빨리 바로잡아야 합니다. 자존감을 지켜준답시고 잘못된 행동을 혼내지 않는 것은 더 무서운 결과를 낳고요.

육아의 최종목표는 독립적이고 멋진 사회인으로 키워내는 것입니다. 아이가 문제 상황을 스스로 헤쳐 나가게 하기 위해서는 조

---

* 스키너, 파블로프 등의 학자가 주장한 행동 수정이론은 잘못된 행동을 수정하는 데 꼭 필요한 교육방식입니다.

금 더 단호하고, 짧은 언어로 훈육해도 괜찮습니다. 해야 할 것과 하지 말아야 할 것을 분명하게 알려주는 것이 중요합니다. 나는 해주지 못할, 너무도 이상적이고 친절한 육아서들을 보며 죄책감 가질 필요 없습니다. 우리도 그런 식으로 자라지 않았습니다. 괜찮습니다.

아이를 가장 잘 아는 전문가는 바로 우리 담임선생님입니다.

이미 잘 클 준비가 되어 있는 새싹들을 훌륭하게 길러내는 것은 어렵지 않습니다. 이미 튼튼한 뿌리와 훌륭한 영양분이 주어진 새싹들은 물만 주어도 쑥쑥 자라납니다. 너무도 윤기 나고 탐스럽게요. 반면, 제대로 열매나 맺을 수 있을까 싶은 가녀린 새싹들을 키워내는 것은 많은 관심과 고민이 필요한 일입니다. 무엇을 제공해주어야 더 잘 자랄지를 매일 관찰해 가며 이렇게도 저렇게도 연구해 봐야 하는 일입니다. 그리고 이 과정을 좀 더 훌륭하게 해낼 수 있는 방법은 전문가에게 배우는 것입니다. 어떤 전문가의 조언을 귀담아듣는 것이 좋을까요. 이미 훌륭한 새싹을 키워낸 전문가? 당연히 아닙니다. 다양한 경험이 많은 전문가를 찾아야 합니다. 다양한 새싹을 매일 관찰해 가며 이렇게 저렇게도 해본 끝에 가장 괜찮은 방법을 터득한 전문가 말입니다.

요즘 정서적으로 불안정한 학생들이 많습니다. 16년 전과 비교하면 정서 위기 학생의 비율이 폭증했습니다. 상황이 이러할진대 교권은 추락하고, 선생님들이 할 수 있는 교육과 훈육의 영역은 거의 사라져 버렸습니다. 학생들을 위해 이렇게도 교육해 보고 저렇게도 교육해 볼 수 있었지만, 모두 아동학대로 고소당하는 위기에 빠지면서 할 수 있는 일이 사라져 버린 것입니다. '금쪽이'를 위시한 다양한 육아 프로그램이 생기고, 여러 아동 전문가의 책이 출간되었습니다. 유튜브에서도 다양한 정보가 넘쳐납니다. 아이의 습관이나 태도를 개선하기 위해 병원이나 상담센터를 찾기도 합니다(아이의 문제를 개선하려 전문가를 찾는 부모들은 정말로 훌륭한 분들입니다). 일대일로 상담하고 지도하는 건 쉽습니다. 그러나 학교에서는 일대일로 가르칠 수 없습니다. 정서 위기 학생들도 결국은 사회 속에서 살아가야 합니다. 그리고 작은 사회인 교실에서 한 아이의 행동은 다른 친구들에게 큰 영향을 끼칩니다. 친구들에게 피해가 되는 행동을 스스로 조절하지 못해 폭발하거나, 교사를 향해서 되돌릴 수 없는 상처를 입히기도 합니다.

1년이라는 시간 동안 매일 학생들과 부대끼며 관계를 맺는 교사들은 아이들과 관련한 다양한 사례를 수없이 만납니다. 다수의 학생을 지도하며 쌓은 경험은 일대일 관계에서 맞닥뜨리는 상황과 완전히 그 질이 다릅니다. 물론 병원 치료와 상담 치료는 정서 위기 학생들에게 필수적입니다. 필요하다면 심리전문가의 치료를 통해 학교와 병원이 긴밀히 협조하여 위기 아이들을 구해내야 한다고 생각합니다.

그러나 학부모들께 일차적으로 권하는 바는, 아이의 모습을 매 순간 관찰하고 어쩌면 내 아이를 가장 잘 알고 있을 담임선생님의 의견을 적극적으로 듣는 일입니다. 이 직업에 몸담게 되면 저절로 전국의 교육자들에게 존경심이 들 수밖에 없습니다. 이 순간에도 상처 입어가며 사명감으로 아이들을 지켜내고 있을 선생님들은 몇 십 년간 다양한 새싹들을 봐온 전문가들입니다. 위에서 말한 내 아이에게 가장 필요한 전문가 말입니다.

아이를 가지자, 저도 초보 엄마가 되었습니다. 그렇게 많은 학생을 지도한 경험이 있더라도 내 아이를 키우면서는 매 순간 고민하고, 내 선택을 의심하고, 불안해했습니다. 흔들리는 저를 잡아준 건 내가 가르친 학생들이었습니다. 학생들이 나의 교보재가 되어주었습니다. 선생님들께서는 그 어떤 자녀교육서보다 훌륭한, 살아있는 교훈을 주었습니다. 그 다양한 경험을 이 책에 녹여, 많은 부모님께 알려주고 싶었습니다. 우리 아이들이 살아갈 사회를 위해, 모든 아이들 개개인의 행복을 위해서 말입니다.

선생님께 듣는 우리 아이 또래 관계 진단

 우리 아이는 학교에서 친구들과 잘 지내고 있을까요? 아이의 말만으로는 정확히 파악하기 어렵습니다. 아이들의 또래 활동을 밀착 관찰해 온 선생님의 평가를 떠올려 보세요. 혹시 아이에 대해 이런 이야기를 들어봤는지 점검해 보세요(아이들은 계속해서 성장하고 있으니 최근의 모습으로 응답해 주세요).

1. 친구에게 자신의 주장만 강요하는 경우가 많습니다. ☐

2. 친구와 다툼이 잦습니다. ☐

3. 욕설을 쓰거나 나쁜 말을 자주 사용합니다. ☐

4. 폭력적인 모습을 보입니다. ☐

5. 친구들과 잘 어울리지 못하고 혼자 있는 경우가 많습니다.

6. 친구에게 자신의 의견을 내세우지 못하고 지나치게 소극적입니다. ☐

7. 친구를 지나치게 배려하다 보니 속상한 일이 많을 것 같아요.

8. 친구를 따돌리는 행동을 반복합니다. ☐

9. 거짓말을 자주 합니다. ☐

10. 학급 규칙을 잘 지키지 않습니다. ☐

11. 수업 중 엉뚱한 말이나 행동을 자주 합니다. ☐

12. 감정을 조절하지 못하고, 갑자기 분노하거나 자주 우는 등의

친구에게 인정받는 아이가 앞서갑니다

행동을 보입니다. ☐

13. 친구를 놀리거나 비난하는 등의 상처 주는 언행을 자주 합니다. ☐

14. 친구들이 이 아이에게 다가가지 않으려 합니다. ☐

15. 친구의 일상적인 행동에도 스트레스를 느낍니다. ☐

16. 친구들이 본인만 싫어하고, 차별한다고 생각합니다. ☐

17. 학교에서의 모습이 일반적이지 않습니다. ☐

이 이야기 중 하나라도 들어본 것이 있다면, 아이의 변화를 위해 하루빨리 노력해야 합니다. 특히 담임선생님이 아이의 교우관계 문제로 먼저 가정으로 연락한 일이 있다면 심각하게 받아들여야 합니다.

선생님께 인정받는 아이는
친구들도 좋아합니다

선생님 말씀 잘 들으렴

저학년 아이들에게 선생님은 대단한 존재입니다. 선생님 입장에서는 저학년을 맡는 것이 큰 부담이지만, 그래도 힘을 얻는 이유는 아이들이 담임선생님을 바라보는 표정 때문입니다. 아이들은 선생님의 말씀을 법처럼 여기고, 고학년에 비해 반항하는 일도 현저히 적습니다. 간혹 선생님도 통제하지 못하는 학생도 있지만, 예외로 해두겠습니다.* 저학년 아이들에게 선생님의 권위는 통용된 합의 같은 것입니다. 친구들끼리 놀다가도 "선생님이 그거 같이하라고 하셨어!"라고 말하면 상황이 종료되곤 하지요. "선생님이 친구 놀리면 안 된다고 하셨잖아!"라고 말하면 그 말 한마디로 더 이상 반박할 여지없이 잘못한 아이가 수그러들고 맙니다.

이렇듯 학생들에게 교사의 말은 대단한 힘을 가지고 있습니다. 그렇기 때문에 선생님에게 인정받는 친구를 아이들은 똑같이 인정하고 대단하다고 여깁니다. 선생님을 존경하는 것처럼 친구도 존경하게 되는 것이지요. 실제로 반에서 친구들에게 인정받는 아이들을 보면, 선생님에게 자주 칭찬받았던 친구, 선생님도 멋지게 여기는 학생들이었습니다. 이렇게 선생님과 친구들의 인정을 받는 아이는, 자연스레 또래유능성이 높을 수밖에 없습니다. 친구들에게 사랑받으니까요.

선생님에게 인정받는 아이가 되는 법은 그리 어렵지 않습니다. 통용된 규칙을 잘 따르는 것만으로도 훌륭한 학생이 됩니다. 선생님은 가장 기본적인 예의범절과 사회적 규칙을 알려줍니다. 인성교육도 수없이 합니다. 또래 관계에서의 행동 방식도 계속해서 가르치지요. 그러므로 아이에게, "학교에 가서 선생님 말씀 잘 들어야해." 하고 당부해서 보내기만 해도 90퍼센트는 성공입니다. "선생

---

* 간혹 교사의 지도로 행동 교정이 어려운 학생들을 만납니다. 본인과 반 친구들을 위해 소아정신과 전문의 등을 찾아 치료하실 것을 권합니다.

님은 너희를 가르치는 분이야. 집에서는 부모님이 너희를 돌봐주고 가르치지만, 학교에서는 선생님이 그런 존재란다. 그러니 말 잘 들으렴." 하고 말해주세요. 그것만으로도 아이들은 학교에 가서 규칙을 잘 따르는 멋진 아이가 될 것입니다.

선생님과 한 팀이 되세요

선생님의 칭찬이 얼마나 아이를 고양시키는지 첫째 아이를 입학시키고 저도 여실히 느꼈습니다. 딸아이가 처음 담임선생님께 칭찬받았다고 이야기해 준 날, 집안 분위기는 축제 그 자체였습니다.

"엄마, 선생님이 내가 그림 그리는 걸 보시더니, '이렇게 섬세하게 그리는 친구가 다 있네, 너무 멋지다.'라고 말씀해 주셨어. 그리고 내가 발표를 하니까 목소리가 너무 예쁘다며 칭찬해 주셨어."

"어머, 정말이야? 이야! 우리 딸 선생님께 칭찬받고 왔구나. 정말 대단하다!"

저는 들떠서 양가 부모님께도 그 소식을 알렸습니다. 가족 모두가 들떴죠. 의도하지는 않았지만, 아마 첫째는 선생님께 받은 칭찬에 가족 모두가 기뻐하고 대견해하는 것을 보고 학교생활을 더 잘해야겠다고 느꼈을 것입니다. 이것이 바로 학교교육과 가정교육의 선순환입니다. 선생님께 칭찬받으면 집에서도 대견하게 여겨주고, 선생님께 혼날 행동을 했으면, 집에서도 단호하게 함께 지도해

주는 것. 이러한 일관된 교육이 아이의 혼란을 줄이고, 사회적 규칙을 지키는 힘을 길러주는 가장 빠른 길입니다. 예전에는 학교에서 선생님께 혼나고 왔다고 하면 부모님께 더 호되게 혼났습니다. 그런데 요즘에는 아이가 학교에서 혼나고 온 것을 견디지 못하는 사회적 분위기가 형성되어 있는 듯합니다. 아이가 보는 앞에서 선생님께 화를 내고, 아이의 잘못을 두둔합니다. 그런 부모님의 모습을 보고 아이는 무엇을 느낄까요? '선생님 말씀은 안 들어도 되겠다. 잘못된 행동을 해도 괜찮겠구나. 선생님은 우리 엄마보다 약하고 우스운 존재구나.' 그렇게 느끼지 않을까요? 이렇게 생각한 아이가 과연 앞으로의 학교생활, 나아가 사회생활을 잘해 나갈 수 있을까요? 그리고 무엇보다 친구들의 곱지 않은 시선을 받을 수밖에 없습니다. 앞에서 말했던 대로 부정적인 피드백이 누적되어 무서운 결과가 나타날 수 있는 것이지요.

부부싸움이 지속될 때 아이들은 불안해합니다. 엄마가 아빠를, 아빠가 엄마를 아이 앞에서 험담하면 아이는 혼란스러워하지요. 자신이 따라야 할 부모를 자신이 사랑하는 부모가 험담하니 괴롭습니다. 가정과 학교의 관계도 비슷합니다. 담임선생님과 부모님은 한 아이를 잘 키워보겠다고 만난 특별한 인연입니다. 아이를 위해 합심하고 협력해야 하는 관계입니다. 집에서는 부모가, 학교에서는 담임선생님이 아이의 보호자입니다. 집에서 부모님이 담임선생님을 신뢰하지 않는 모습을 보이면 아이는 혼란스럽습니다.

부모가 먼저 선생님의 권위를 존중하는 모습을 보여야 합니다. 아이들은 따라야 할 어른에게 권위가 없을 때, 어떤 길잡이를 믿고 나아가야 할지 갈팡질팡합니다. 부모가 너무 친구 같고 약한 모습을 보일 때도 자녀들이 오히려 의지하지 못하고 불안해하는 것처럼 말입니다. 학생들은 선생님을 따름으로써 스스로도 안정을 느낍니다. 선생님이라는 울타리 안에서 선생님의 말씀에 따라 행동한다면 모두 다 함께 안전하다는 것을 알기 때문입니다. 우리 아이가 선생님을 잘 따르고 신뢰하도록, 선생님의 교육방식을 지지한다는 것을 집에서 자주 이야기해 주세요. 그리고 계속해서 아이가 선생님의 말씀을 잘 따르도록 응원해 준다면, 아이 역시 선생님에게 칭찬받고 인정받는 아이로 성장할 수 있을 것입니다.

선생님이 사랑하는 학생들의 특징

1. 시키지 않아도 스스로 할 일을 하는 학생

학기 초에 선생님은 가장 먼저 학급 규칙을 알려줍니다. 시간대별로 해야 할 일도 알려주지요. 사물함 정리는 어떻게 하고, 신발장에 신발은 어떻게 넣어두고 신을 갈아신는 방법까지 안내합니다. 그런 사소한 규칙들을 기억하고 알아서 잘 지키는 학생들이 사랑받을 수밖에 없습니다.

2. 친구를 배려하고 갈등을 일으키지 않는 학생

선생님은 물론이고 친구들에게도 사랑받는 유형의 아이들입니다. 훌륭한 인성을 갖춘 아이는, 어른의 눈에도 아이들의 눈에도 정말 대견하게 느껴지지요.

3. 모든 친구가 귀찮아하는 일을 묵묵히 하는 학생

체육대회 후, 간식을 나누어 먹고 나면 교실 쓰레기통이 넘쳐납니다. 그럴 때 한 아이가 묵묵히 빗자루를 들고 가 그 주변 정리를 합니다. 이런 아이에게 어찌 칭찬이 나오지 않을 수 있을까요? 이런 행동을 한 번 하는 순간, 그 아이의 모든 모습이 달리 보입니다. 마치 영화에서 한 줄기 빛이 비치는 장면처럼 느껴지지요.

4. 기본예절 습관이 바른 학생

요즘 아이들은 의외로 인사를 하지 않습니다. 어른에 대한 기본예절을 잘 모르는 학생도 많습니다. 핵가족화와 이웃 간의 단절로 배울 기회 자체가 드물기도 합니다. 그 가운데 선생님께 꼬박꼬박 인사하고, 두 손으로 물건을 받는 등의 기본예절을 갖춘 아이는 가정교육을 참 잘 받은 것이 느껴집니다. 덤벙대고 산만한 아이도 인사 잘하는 모습 하나로 사랑스러워집니다.

5. 수업 시간에 선생님에게 집중하는 학생

요즘 아이들의 집중력은 참 짧습니다. 수업 시간에 선생님과 계속 눈 맞춰가며 집중하는 아이가 예뻐 보일 수밖에 없는 이유입니다. 선생님의 수업에 대한 존중과 예의를 보이는 행동이기 때문이지요. 말하는 사람을 바라보지 않고, 경청하지 않는 것은 예의가 아니라는 점을 아이에게 꼭 알려주세요.

선생님이 기억하는 멋진 아이 2

저는 고등학교에서 근무하는 교사입니다. 제가 기억하는 학생은 수업 시간에 지적호기심을 가지고 임하는 아이였어요. 중학교 내신은 상위 30퍼센트 정도였는데, 수업 시간마다 눈빛을 반짝이며 궁금한 것을 열심히 물어봤습니다. 예의도 바르고 친구들과도 원만하게 잘 어울렸지요. 고등학교 1학년, 2학년, 3학년으로 올라갈수록 성적이 쑥쑥 오르더니 결국 서울대에 합격했습니다. 들어보니 부모님이 학업에 대한 압박을 가하기보다는, 수업에 집중하면서 스스로 학습하는 힘을 기를 수 있도록 정서적으로 지지해 주셨더라고요. 학교에서 충실하고, 가정에서 지지받는 일이야말로 학습에서도 좋은 성과를 거두는 길이라는 것을 생각하게 한 친구입니다.

-17년차 고등교사 나○○ 선생님

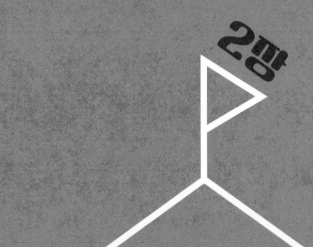

2평

단호한 부모가
또래유능성을
키웁니다

아이 유형별 또래유능성 코칭법

우리 아이에게 맞는 가르침이 필요합니다

아이들의 또래유능성을 높이기 위해서 이후 다양한 방법을 안내할 예정입니다. 하지만 좀 갸우뚱하는 분들이 있을 수 있습니다. 왜냐하면 모든 방법이 우리 아이에게 맞지는 않을 수도 있기 때문입니다. 그래서 교실에서 만나는 학생들의 모습을 네 가지 유형으로 구분하여 코칭법을 알려드리려고 합니다.

이해하기 쉽게, 사회성 면에서 크게 두 가지 성향으로 구분하여 설명하겠습니다.

• 자기중심   • 자기표현

　자기중심이 높은 아이는, 다시 말해 자기중심적 사고를 많이 합니다. 타인보다는 자신이 우선이고 자기 자신을 가장 아낍니다. 반면에 자기중심이 낮은 아이는, 타인에 대한 배려심이 높고, 자신이 하고 싶어도 참고 양보합니다. 즉 타인에게 잘 맞춰주고 타인의 감정을 고려하는 사회적 민감성이 높은 아이들이지요. 자기중심적인 아이가 나쁘고, 타인 중심적인 아이가 착하다는 것은 아닙니다. 그저 성향에 따른 구분이고 모든 아이의 성향에는 장단점이 있습니다.

　자기표현이 높은 아이는, 자신의 감정을 타인에게 잘 표현하는 아이입니다. 반면에, 감정을 잘 드러내지 못하며 내성적이고 소심한 성격의 아이들이 자기표현이 낮은 아이에 해당합니다. 학생들이 또래 관계에서 보이는 모습은 이렇게 네 가지 유형으로 구분할 수 있습니다.

자기중심↑, 자기표현↑ 자신의 감정이 우선이고, 자기의 감정을 직설적으로 표현하는 유형	자기중심↑, 자기표현↓ 자신을 우선으로 생각하지만, 표현은 잘 못하는 유형
자기중심↓, 자기표현↑ 자신보다는 타인을 생각하지만, 자기표현은 분명하게 잘하는 유형	자기중심↓, 자기표현↓ 자신보다는 타인을 고려하고, 자기표현을 어려워하는 유형

　아이의 성향에 따라 부모님이 가르쳐 주셔야 할 사회적 기술은

친구에게 인정받는 아이가 앞서갑니다

다음과 같습니다.

• 자기중심↑, 자기표현↑

이 성향의 아이들은 자신이 우선이고, 직설적으로 표현하는 유형입니다. 친구들로부터 너무 과해 보이고, 이기적이라는 평을 들을 수 있으므로 일단 규칙을 잘 지킬 수 있도록 반복 교육하는 것이 중요합니다. 규칙을 잘 지키고 타인에게 피해를 주지 않으면서 하는 자기주장은 거부감 없이 받아들여질 수 있습니다. 이 성향의 장점에 선생님 말씀을 잘 듣고, 규칙을 잘 지키는 것이 더해지면, 리더십이 있으며 똑 부러지는 친구라는 멋진 이미지를 줄 수 있습니다. 그런 아이들은 학급 임원에도 잘 당선됩니다. 자기의 기분과 욕구가 우선이라 타인을 돌아보지 못하는 면이 있지만, 규칙을 잘 지키려는 노력 또한 습관입니다. 습관 근육을 키워주듯이 매일 알려주세요. 보통 학교에서 가르치는 규칙은 타인 배려를 기본으로 하므로 규칙을 지키는 것만으로도 모범적이고 이타적으로 보일 수 있습니다. 이렇게 자주 말해주세요.

"오늘도 선생님 말씀 잘 듣고 와. 기본 규칙을 잘 지키는 건 정말 중요한 일이야."

• 자기중심↑, 자기표현↓

자기중심적 사고가 높아 자신의 감정과 욕구가 우선이지만, 표

71

현은 잘 못하는 유형입니다. 이 유형의 학생들은 친구와 어울리며 갈등을 겪는 것보다 혼자 노는 것이 더 편하다고 느낄 수 있습니다. 친구들이 주는 자극을 스트레스로 느끼기도 하지요. 그래서 집에 오면 친구들이 자신을 괴롭혔다거나, 힘들게 했다고 하소연할 수 있습니다. 사실 친구들은 아무 생각 없이 한 행동인데도 말입니다. 부모님이 보기에는 친구가 없는 것 같아 걱정이지만 아이는 크게 개의치 않아 하는 경우가 많습니다. 표현을 잘하지 않아 소심하고 내성적으로 보일 수 있으나, 사실은 자기 자신만 꼭 끌어안고 있는 섬 같은 유형입니다. 학교에 가면 이런 아이들도 친구들과 교류 활동을 할 수밖에 없습니다. 사회인이 되었을 때를 생각해서라도 적절한 자기표현 연습은 필수입니다. 이럴 때 부모님이 아이에게 적절한 표현 방법을 알려주세요. 구구절절 조언하는 것보다는, 어릴수록 짧고 단순하게 지도하는 것이 좋습니다. "오늘은 꼭 친구에게 '하지 마.'라는 말을 한 번 하고 와.", "오늘은 쉬는 시간에 친구에게 공기놀이 같이하자고 말해 봐." 이렇게 하루에 한 개씩만 미션을 주세요.

또한, 이 유형의 아이들도 학교 규칙 잘 지키도록 필수로 훈육해야 합니다. 아이가 소심해 보여서 안쓰럽게 느껴지고, 피해자처럼 느껴져서 보호본능이 일 수도 있지만 자기중심적인 사고가 있으므로, 타인을 고려하고 배려하는 것이 중요하다는 것을 늘 알려주어야 합니다. 이 유형은 언뜻 착해 보이는 아이들이 많아서 친구들에게 배타당하는 일은 잘 없다는 것도 장점입니다. 다만 보고 있는 부모님으로서는 답답할 수 있습니다. 자기표현력이 길러지면서 자기 중심적 모습이 드러날 수 있으므로, 규칙 준수가 중요하다는 점을 꼭 함께 알려주세요.

- **자기중심↓, 자기표현↑**

자신보다는 타인을 고려하여 배려와 양보가 쉬운 아이들입니다. 그러면서도 자기표현은 분명하게 잘하는 유형이지요. 이 유형의 아이들은 사실 또래 관계에서는 문제가 없는 훌륭한 아이들입니다. 다만 너무 타인 중심적이 되어 친구에게 다 맞춰주면서, 친구의 의지대로 자기 생각이 함께 흘러가지 않도록 중심은 있어야 합니다. 간혹 친구들과 어울려 다니며 친구의 마음을 대변해 주고, 함께 싸워주고 하는 친구가 될 수 있습니다. 자신이 좋아하는 친구 입장에서는 정의롭지만, 원치 않는 갈등에 휘말릴 수도 있지요. 이 유형에게는 친구들과 놀면서도 판단과 분별을 잘하여, 바른 행동을 선택할 수 있도록 알려주세요.

- **자기중심↓, 자기표현↓**

자신보다는 타인의 마음을 잘 고려하고, 자기표현은 어려워하는 유형입니다. 이 유형은 모두에게 착한 친구라는 인식을 줄 수 있지만, 과하면 만만한 상대가 됩니다. 이런 아이들에게는 먼저 너는 소중한 존재이기 때문에 친구들이 너를 함부로 대하게 그냥 두면 안 된다고 알려주세요. 또한, 친구들도 네가 어떤 행동을 좋아하고, 어떤 행동을 했을 때 싫어하는지 알고 싶어 한다는 것을 분명히 알려주세요. 친구들 입장에서도 이 아이만의 선을 알아야 함께 어울리는 게 편하고 즐겁다고 느낍니다. 생각을 잘 알 수 없는 친구와 노는 것은 만만하지만 불안한 면도 있기 때문이지요.

좋은 친구 관계를 유지하려면 힘의 균형이 맞아야 합니다. 어느 한쪽이 너무 숙이고 들어가면, 생각 없이 다가갔던 친구도 저절로 만만하게 대하게 됩니다. 이 아이들에게는 또래유능성을 높이는 연습을 많이 시켜야 합니다. 내성적인 아이가 분명하게 말할 수 있게 하려면 여러 번 반복연습이 필요합니다. 이러한 성향이 지속되면 스트레스받는 일이 많을 것입니다. 남들에게 맞춰주는 것이 편하고, 그냥 웃고 넘어가는 게 마음이 편하다고 생각할 수도 있습니다. 그러나 언제까지 그렇게만 참고 지낼 수 있는 사람은 없습니다. "나는 이 놀이 하기 싫은데. 다음 놀이는 내가 원하는걸로 하면 어때?", "네가 그렇게 말하니 기분이 안 좋아." 이런 말을 하는 연습을 계속 시키세요. 이런 상황에는 어떻게 말할래? 하고 적절한 말을 찾는 놀이도 여러 번 하세요. 상황에 맞는 표현을 찾는 문장완성 놀이 (135쪽 문장 완성 놀이 참고)도 자주 하세요. 그 말을 하는 것이 결코 친구를 화나게 하거나 상처 주는 일이 아니라는 것도 계속 알려주세요. 내 생각을 표현하는 것이 친구에게도 나중에 당황스럽지 않을 수 있는 현명한 방법이라고 말입니다.

친구에게 인정받는 아이가 앞서갑니다

부모 모방에서
또래 모방으로 넘어갈 때,
반드시 세워야 할 기준

부모님은 판단하는 대신 기준을 알려주세요

아이들이 본격적으로 또래 관계를 맺기 시작하면 반드시 연동되는 행위가 있습니다. 바로 또래 모방입니다. 또래를 따라 하고, 닮고 싶어 하는 마음이 집단생활을 하며 본격적으로 커지는 것이지요. 또래 모방은 유아기 때부터 나타납니다. 하지만 또래와 비교하여 자기를 평가하고 자신의 위치를 가늠하는 등의 복잡한 수준의 모방은 초등학생 이후에 나타납니다. 이 시기의 아이들에게는 점점 또래 관계가 중요해지며, 또래에게 수용되고 싶어 합니다. EBS의한 프로그램에서 진행한 실험을 예로 들어보겠습니다. 아이들에게 여섯 가지 종류의 사탕을 보여주며 좋아하는 사탕을 고르라고 했습니다. 그리고 옆 친구와 서로 고른 것을 공유하게 했습니다. 그 후 2차로 다시 선택하라고 했더니 거의 모든 아이가 친구가 고른 것을 따라 골랐습니다.

아이들에게 많은 영향을 주는 또래 모방은 좋은 점도 있지만 걱정의 대상이기도 합니다. '친구따라 강남 간다.'라는 속담도 있듯 어떤 친구를 사귀느냐에 따라 좋은 영향을 받기도 하고 안 좋은 영향을 받을 수도 있는 위험성을 내포합니다. 그래서 늦기 전에 어떤 친구가 진짜 괜찮은 친구인지 기준을 세우도록 도와주어야 합니다. 중심을 일찍부터 잡지 못하면 고학년이 되어 잘못된 친구를 선망하고 따라갈 수 있습니다. 그때는 바로잡기가 어렵습니다. 부모들도 친구의 중요성을 알기에 아이의 친구를 민감하게 따져보고 판단하기도 합니다. 어떤 친구와는 친하게 지내지 않았으면 좋겠다는 말도 합니다. 하지만 이러한 친구에 대한 직접적인 평가는 오히려 아이가 엄마에게 친구 이야기를 잘 하지 않게 되는 부작용을 낳습니다. 부모는 아이가 좋은 친구를 사귀고 긍정적인 영향을 받기를 바라는 마음에서 하는 말이지만, 아이에게는 친구와의 문제를 부모에게 숨기는 계기가 됩니다.

판단과 평가 대신, 아이의 말을 차분히 들어주고 조언해 주세요. 물론 엄마 말대로만 되지는 않을 것입니다. 또래 관계는 복잡하

친구에게 인정받는 아이가 앞서갑니다

좋은 친구는 이런 친구라고 알려주세요.

1. 배려를 잘해주는 친구

2. 함께 있으면 마음이 편안한 친구

3. 상처 주는 말을 하지 않고, 기분 좋은 말을 해주는 친구

4. 기본 규칙을 잘 지키는 도덕적인 친구

5. 내 생각을 걱정 없이 표현할 수 있는 친구

   친구가 무언가를 같이 하자고 했을 때, 싫으면 싫다고 말할 수 있어야 합니다. 그리고 솔직하게 의사표현을 했을 때 잘 이해해 주는 친구가 좋은 친구랍니다.

이런 좋은 친구를 사귀고 싶다면, 우리 아이가 먼저 이런 친구가 되어야 합니다. 아이들은 비슷한 성향끼리 어울리니까요. 이 점을 꼭 기억해 주세요.

게 얽혀 있고, 아이 나름의 입장도 있기에 아이 혼자 장악하기 쉽지 않은 문제입니다. 그러나 분명 엄마의 조언이 도움이 되는 순간이 올 것입니다. 특히 친구와의 갈등을 겪을 때, 부모님께 토로하고 위로받으면서 듣는 조언은 크게 다가옵니다. 그때를 기회로 여기고 이런 친구가 너에게는 더 도움이 될 것 같다며 제시해 주세요. 그러

면 자신의 경험과 부모의 조언을 합쳐 아이는 나름의 기준을 세울 것입니다.

우리 아이들도 또래 관계에서 몇 차례 속상한 일을 겪었습니다. 저는 딸이 속상해할 때 조언을 많이 해주었습니다. 그 친구처럼 너에게 상처를 주는 친구와 노는 것이 정말 좋은 선택일지를요. 너를 힘들게 하지 않는 친구와 어울리는 게 더 마음이 편하지 않겠냐고 권했습니다. 딸아이는 제 조언을 받아들여 새로운 친구를 사귀었고, 그것이 정말 자신에게 도움 되는 선택이라는 것을 직접 경험했습니다. 새로운 친구를 사귀자, 울다 잠들 만큼의 스트레스가 한순간에 모두 사라졌으니까요. 짧은 몇 문장으로 담담히 기술했지만, 우리에게 쉽지 않은 과정이었습니다. 그 이후로 딸아이는 어디를 가든 마음 맞는 착한 친구를 잘 선택하여 어울렸습니다. 딸아이가 스스로 그렇게 판단할 수 있게 되자 저도 마음을 놓을 수 있었습니다.

내 아이의 친구가 마음에 들지 않을 때

부모님들이 바라는 친구는 비슷합니다. 대부분 모범적인 친구와만 어울리길 바랄 텐데, 모든 아이가 모범적이지는 않습니다. 부모님들이 정말로 어울리고 영향을 받기를 바라는 친구들은 학급에 서너 명 정도입니다. 그러면 나머지 아이들은 친구 없이 지내게 될까요? 그렇지는 않습니다. 부모님이 기준을 제시해 줄 수는 있지만 결국 친구를 선택하는 것은 아이의 몫입니다. 만약 친해지고 싶은 친구가 너무 인기가 많아 이미 무리가 형성되어 있거나 끼어들 틈이 없다면, 다른 친구를 찾습니다. 다른 친구를 찾아갔는데 또 수용되지 못하거나, 성향이 다른 것을 느낀다면 또 다른 친구를 찾아가지요. 자신과 어울릴 만한 친구를 찾는 자연스러운 과정입니다. 친구들이 '너랑은 놀기 싫어!' 라고 상처를 주기 때문에 다른 친구를 찾는 것은 아닙니다. 나와 좀 더 친밀하게 지낼 수 있을 만한 친구를 찾기 위해 이 친구 저 친구와 놀아보는 것이지요. 초반에 혼자서 놀던 아이도 끝까지 친구 없이 혼자만 있는 아이는 없습니다. 한 친구와만 깊은 관계를 맺거나, 진짜 친한 사이는 없다고 느끼는 등의 차이가 있을 뿐입니다.

간혹 자녀가 친하게 지내는 친구를 못마땅해하는 분들도 있습니다. 그러나 그 친구를 선택한 것은 우리 아이입니다. 아마 그럴 만한 이유가 있었을 것입니다. 그 친구만이 우리 아이를 받아주었다거나, 그 친구와 성향이 맞았을 것입니다.

학급에 세 명의 친구로 형성된 무리가 있었습니다. 가장 문제를 많이 일으킨 아이들이었는데, 그중 한 명 준서(가명)에게 변화가 생겼습니다. 학부모 상담 후 준서 어머님께서 아이의 문제행동을 적극적으로 고치겠다고 나선 것입니다. 곧바로 치료를 시작했고, 준서는 빠르게 변했습니다. 모범생이라 해도 될 만큼 좋아졌습니다.

그러자 준서가 어울리는 친구 무리가 완전히 바뀌었습니다. 준서는 원래의 무리에서 나와, 모범생 무리로 옮겨갔습니다. 준서는 올바르게 판단할 수 있게 되면서, 기존 무리 친구들이 하는 행동이 마음에 들지 않았을 것입니다. 이렇게 또래 관계는 성향이 비슷한 아이들끼리 형성하게 됩니다.

예외적으로 자신의 성향과 다른 친구를 사귀는 일도 있습니다. 순하고 소극적인 아이가 센 친구를 사귀는 경우입니다. 이런 아이의 부모님들은 아이가 센 아이에게 끌려다니는 것을 보며 마음을 끓입니다. 그러나 아이는 계속 그 친구와 어울리고 싶어 합니다. 엄마가 애타는 마음에 "걔랑 절대 놀지 마!"라고 말하는데도, 엄마에게 숨기고 계속 어울리기도 합니다. 여기에도 이유가 있습니다. 아이 입장에서는 그 친구와 노는 것이 재미있다고 느끼기 때문입니다. 보통 자기주장이 강한, 일명 센 아이들은 놀이를 주도합니다. 심심하고 평이하게 노는 것 같은 친구들보다, 자극적이고 흥미로운 놀이를 제공합니다. 순한 아이 입장에서는 목소리도 크고 친구들을 이끌고 다니는 친구가 멋져 보입니다. 그런 아이가 나와 놀아주는 것이 좋습니다. 또한 순한 아이들은 수동적인 성향이 많다 보니 지시해 주는 것이 더 좋기도 합니다. 센 아이들은 친구들 사이에서 권력을 가지고 여린 친구들을 자기 멋대로 주무릅니다. 원하는 대로 해주면 놀아주고, 그렇지 않으면 '너랑은 안 놀아줄 거야.'라고 조종하기도 하지요. 순한 아이 입장에서는 매번 나쁘게 구는 것은 아니

친구에게 인정받는 아이가 앞서갑니다

고, 또 놀 때는 화끈하게 잘 놀아주니 이 친구가 나쁜 아이만은 아니라는 생각이 듭니다. 그러니 그 가운데에서 상처를 입더라도 어울리고 싶어 합니다. 이런 무리가 형성되면서 상처받는 아이가 많기도 합니다. 제 딸아이도 몇 차례 그런 일을 겪었습니다. 그래서 앞에서 말한 조언이 오갔습니다.

그러나 저학년 때 한 번도 갈등을 겪지 않고 고학년이 되는 것보다, 저학년 때 교우 문제를 겪는 게 나은 일입니다. 저학년 때의 교우 문제는 고학년에 비해 사소한 일이 많습니다. 그때 경험하고 올바른 기준을 세운다면, 고학년이 된 이후에 잘못된 판단으로 큰 문제를 겪지 않아도 됩니다. 예방주사 같은 것이지요. 그러므로 아이가 지금 친구 때문에 상처받아 한다고 너무 걱정하지 않아도 됩니다. 지금 겪지 않으면 나중에 더 큰 문제가 닥칠 수도 있다고 생각하고 긍정적으로 바라보시면 됩니다.

오히려 너무 문제가 없는 것을 경계해야 할지도 모를 일입니다. 앞에서 말한 센 아이들에게는 당장은 아무 문제가 없을 것입니다. 자기가 원하는 대로 모든 게 이루어지는 데 문제가 있을 일이 없지요. 그러므로 아이가 친구 관계에 문제가 없다고 할 때 더 유심히 살펴보아야 합니다. 어쩌면 문제의 중심이 우리 아이에게 있을지도 모르니까요.

아이가 친구에게 일방적으로 상처를 받을 때

센 아이에게 휘둘리는 순한 아이는 어떻게 지도해야 할까요?

1. **아이의 마음을 먼저 물어보세요.**

   "엄마가 보기에는 네가 그 친구와 계속 어울리면 마음이 힘들 것 같은데 그래도 계속 놀고 싶니? 네가 힘들다면 엄마에게 도움을 청해."

   아이가 괜찮다고, 그 친구와 계속 놀고 싶다고 말한다면 일단은 그냥 두어도 됩니다.

2. **이렇게 조언해 주세요.**

   "네 마음을 힘들게 하는 친구는 좋은 친구가 아니야. 다른 친절한 친구를 사귀는 게 좋을 것 같아."

3. **최후의 경우, 엄마가 도와주세요.**

   미취학 아이들의 경우, 선생님에게 도움을 청해도 해당 아이의 문제행동이 계속된다면, 해답은 "그 아이와 분리하세요."입니다. 그러나 초등학생의 경우 스스로 해결할 수 있도록 부모의 개입은 최소화해야 합니다. 이에 관한 내용은 181쪽 '엄마, 친구들이 안 놀아줘'를 참고하세요.

친구에게 인정받는 아이가 앞서갑니다

부모는 해결사가 아닙니다

스스로 해결해 본 경험이 아이의 또래유능성을 높입니다

집에 온 민지(가명)의 표정이 좋지 않습니다. 엄마는 곧장 "학교에서 무슨 일 있었어?"라고 묻습니다. 민지가 말을 하지 않자, 더 안달이 나 재차 묻습니다.

"왜? 무슨 일인데? 말해봐. 누가 괴롭혔어?"

민지는 할 수 없이 엄마에게 털어놓습니다.

"오늘 친구들이 나만 빼놓고 놀았어. 계속 자기들끼리만 놀아서 눈물이 날 뻔했어."

"뭐?! 뭐 그런 애들이 다 있어! 걱정하지 마! 엄마가 다 해결해 줄게!"

민지 엄마는 어떻게 해결해 준다는 걸까요?

아이들은 교실에서 하루에도 여러 번 갈등을 겪습니다. 보통은 시간을 주면 알아서 화해합니다. 선생님이 개입해서 잘잘못을 따지는 것보다 더 효과 좋은 화해의 과정을 거치곤 하지요. 오늘 싸웠어도 내일이면 웃으면서 다시 어울립니다. 갈등의 빈도가 너무 잦아서 이 친구와 어울리는 게 힘들다 싶으면 또 알아서 다른 친구를 사귀기도 합니다. 아이들은 몸소 경험해 가며 이래저래 문제 해결법을 찾지요. 간혹 학부모님이 도움을 요청하시면 아이들을 불러 무슨 일이 있었는지 묻고 좋은 말로 타이릅니다. 저학년 아이들은 선생님 말씀을 잘 들으려고 하기 때문에 제 앞에서 화해하고 웃으며 자리로 돌아갑니다. 앞으로 사이좋게 잘 지내겠다고 선생님을 안심시키지요. 그러나 가만히 들여다보면 선생님 눈앞에서만 문제없는 척을 합니다. 결국 진짜로 문제가 해결된 것은 아니지요. 그러면 곧 이런 전화를 받습니다. "선생님, 아이가 며칠은 괜찮다가 또 속상해해요. 그 친구들이 계속해서 우리 민지에게 상처를 주는 것 같아요. 너무 속상하네요."

딸이 너무 걱정된 민지 엄마는 결국, 놀이터에서 친구 엄마를 만나 담판을 짓습니다. 그리고 엄마들이 동네에서 싸웠다는 이야기가 들려오지요. 곧 민지와 친구들은 다시 웃으며 지냈습니다. 아이들은 저에게 와서 "엄마들끼리 싸워서요. 같이 놀지 말라고 하셨거든요. 그러니 우리가 다시 논다는 것은 비밀이에요, 선생님~" 하며 빙그레 웃고 갔습니다. 이 아이들은 싸우다 화해했다 하며 한 해를 날 수 있었습니다. 또는 다른 친구들과 어울리기도 하며 자신만의 방법을 찾아갈 수도 있었죠. 엄마가 개입하지 않았다면, 그냥 흔한 일로 넘어갈 수 있었을 것입니다. 게다가 저학년이니까 아이들의 기억은 그리 오래가지 않습니다. 굉장한 학교폭력 같은 상처가 아닌 이상에야 '그때 자기 멋대로 놀아줬다가 안 놀아줬다가 하는 친구가 있었는데, 참 별로였어!'라고 말하며 넘길 수 있었을 것입니다. 그런데 민지는 엄마의 걱정스러운 반응과, 선생님께 불려 간 일과, 아줌마들의 날 선 눈초리 때문에 그 일을 두고두고 잊지 못할 것입니다. 그리고 민지의 마음속에 그 일은 큰 상처로 남을 것입니다. 그러면 새 학년이 될 때마다 친구 사귀는 일이 얼마나 두려울까요. 또래유능성도 떨어지겠지요. 아이들은 또래 간 갈등 상황을 스스로 해결해 본 경험을 통해 또래유능성을 키웁니다. 부모님이 아이의 또래유능성을 키워주기 위해 해결사를 자처해선 안 되는 이유입니다. 부모님이 대신 해결해 주려고 나서면, 아이는 스스로 해결해 볼 기회를 잃게 됩니다. 부모님이 아이가 조금이라도 상처받는 것이 걱정되어 직접 나서게 되면, 아이는 성장할 수 있는 기회를 빼앗기게 되지요.

　별일 아닌 문제에 엄마까지 달려와 난입하는 친구라면, 아이들은 그 친구를 피하게 됩니다. 어른들이 아무리 잘 지내라고 말해도 해결되지 않습니다. 그건 어른들 사회에서도 마찬가지 아닌가요? 저 사람이 불편하고 어울리고 싶지 않은데, 그 사람의 부모님이 와서 잘 지내라고 하면 어떨까요? 상사가 와서 저 사람이 여린 사람이니 잘 대해주라고 조언합니다. 그럼 정말로 잘 지낼 수 있나요? 더욱 불편한 존재가 될 뿐입니다.

선생님께 매번 일러바치는 친구도 마찬가지입니다. 친구와 놀다가 조금의 다툼이 오갔는데, 그럴 때마다 선생님께 달려가 이르는 친구를 어떻게 생각할까요? 나는 이런 일로 이르지는 않는데, 친구는 매번 일러서 꾸중을 듣게 된다면요? 얘랑 놀면 매번 선생님께 일러서 제대로 놀이가 되지 않으니 이 친구는 함께 놀 수 없겠다고 생각하게 됩니다. 그런 아이들은 친구들이 꺼립니다. 그 친구에게 말 한마디 잘못했다가는 죄인이 되어버리거든요.

스스로 해결해 본 경험이 없는 아이는 고학년이 되어서, 그 이후가 되어서 갑자기 마주한 문제에 제대로 대처하지 못하게 됩니다. 다른 친구들이라면 적절히 대처해서 넘어갈 수도 있는 문제를 제 나이보다 한참 어린 수준으로 대처한다든가, 잘못된 행동을 할 수도 있지요. 또래유능성은 가벼운 문제부터 스스로 해결해 낸 성공 경험이 쌓여야 올라갑니다.

친구에게 인정받는 아이가 앞서갑니다

아이의 마음을 위로해 주세요

그렇다고 아이가 힘들어하는데 그냥 두나요? 아닙니다. 아이가 교우관계로 인해 속상해하면서 집으로 돌아왔을 때 엄마가 해주어야 할 역할은 분명 있습니다. 친구도 제대로 못 사귀냐고 다그치는 대신 아이의 마음을 위로해 주는 것입니다. 아이가 엄마에게 속상함을 토로하는 것은 엄마에게 위로받고 싶기 때문입니다. 나를 사랑해 주는 사람에게 가서, 소외받았던 느낌을 떨쳐버리고 싶은 것입니다. 엄마는 아이의 말을 들으면 해결해 주어야만 할 것 같아서 머리가 복잡해집니다. 하지만 아이들은 엄마의 위로만으로도 힘을 얻어 다음 날 자신 있게 친구 앞에 설 수 있습니다.

"누가 우리 딸을 이렇게 속상하게 한 거야? 우리 소중한 딸을. 누구도 너를 함부로 대하게 두지 마. 너에게 상처를 주는 친구가 있다면, 그 친구는 좋은 친구가 아니야. 다른 좋은 친구를 사귀어 봐."

저도 자주 해주었던 좋은 조언이지만, 아이들은 '이미 다른 친구들은 끼리끼리 다 어울려서 들어갈 틈이 없는데 엄마는 현실도 모르는 말을 하네.'라고 생각할 수 있습니다. 그러나 교실에서 봐온 결과 이미 모든 무리가 형성되어 어디도 낄 틈이 없는 일은 없습니다. 한 친구와 관계가 틀어졌더라도 다른 친구와 새로 어울리며 좋게 마무리되는 경우가 많습니다. 이것은 아이 본인 의지에 달린 일입니다. '나는 상처를 주는 친구는 싫어. 다른 친구를 찾아볼 거야.'

라고 생각하는 아이는 다른 무리와 쉽게 어울립니다. '상처받더라도 원래 무리의 친구들과 계속 놀고 싶어.'라고 생각하는 아이는 그렇게 어울리며 무언가를 경험할 것입니다. 상처받는데도 그 친구와 노는 것이 제일 좋아서 계속 관계를 이어 나가는 아이들도 많습니다. 아이의 선택이기 때문에 어른들은 묵묵히 지켜보며 응원해 줄 수밖에 없습니다. 상처받더라도 그 관계를 계속 이어 나가고 싶은 아이에게, "너 왜 그러는 거니? 그것도 못 끊어내?" 하고 조언한다면 아이의 또래유능성을 저하시키지요. 자신이 선택한 것이 잘못한 건가 생각하며 자책도 하게 될 것이고요.

자잘한 상처와 갈등을 경험해 보아야 더 큰 갈등을 만났을 때 적절하게 대처할 수 있습니다. 자잘한 생채기는 금방 딱지가 앉으며 낫습니다. 좀 더 크게 넘어져서 쓸린 상처가 팔다리 여기저기에 생겨도 곧 낫습니다. 그것을 보는 부모님의 마음이 좀 쓰릴 뿐입니다. 아이는 "아오, 아파라~" 하고 주춤하다가 금세 잊고 다음 날부터 다시 달립니다. 아이의 작은 상처도 견디지 못하는 것은 부모입니다. 아이의 몸에 상처가 생기게 둘 수는 없다며 아예 달리지 못하게 묶어둔다면, 무언가 커다란 위험요소가 덮쳐와 아이가 정말 달려야 할 때, 내달려 도망쳐야 할 때, 달리지 못하고 잡아먹히게 될 것입니다. 아이의 작은 상처가 두려워 아이를 잃는 것은 얼마나 어리석은 일입니까. 우리는 현명한 부모가 되어, 아이의 경험을 응원해 주고 아이의 마음을 어루만지는 역할을 해주면 됩니다.

마음에 들지 않는 친구와 지내본 경험도 자산이 됩니다

학급 친구 구성은 1년마다 바뀝니다. 늘 마음에 꼭 맞는 친구만 사귈 수는 없습니다. 끝이 있는 만남이니 다행이지 않나요?

꼭 떨어뜨려야 할 친구가 있다면 선생님께 도움을 요청하세요. 다음 해 반 편성을 할 때 고려해 주실 거예요. 단, 그런 요청이 너무 많아 다 반영하지 못할 때도 있습니다.

이번 연도가 끝나기만을 기다리며 스트레스받는 대신, 아이와 함께 대화를 나눠보세요. "그 아이의 어떤 점이 그렇게 별로야? 혹시 네가 모르는 좋은 점은 없을까? 좋은 점이 없는 사람은 없으니까, 한 가지만 떠올려보자." 이 시간을 통해 가족 간의 관계도 돈독해질 거예요.

부모님에게도 학창 시절에 꼭 마음에 들진 않지만, 필요에 의해 1년 동안은 같이 어울린 친구가 있잖아요? 아이들도 나름의 사정으로 어울리는 이유가 있을 거예요. 아이의 친구 관계에서 한발 물러나 응원해 주는 포지션으로 있어 주세요.

거절당하는 경험도
필요합니다

아이 마음을 읽어주는 교육의 부작용

언젠가부터 아이들의 마음을 읽어주는 교육이 주목받기 시작했습니다. 아이의 말을 세심하게 들어주고, 상처 주지 않는 교육을 하기 위한 열풍이 유행처럼 불었지요. 아마도 부모 세대의 상처 때문이 아닐까 추측합니다. 우리가 어릴 때는 아이들의 감정을 다치지 않도록 조심하는 문화가 없었습니다. 체벌도 있었으며, 호되게 혼나기도 했지요. 가족마다 차이는 있을 테지만 사회 전반적인 분위기가 아이들은 잘못하면 때려서라도 버릇을 고쳐놔야 한다는 것이었습니다. 그렇게 훈육과 체벌을 받고 큰 세대가 감정 읽어주기 식 교육법을 접하고 나자, '그래! 나도 이런 식으로 부모님께 위로받았다면 얼마나 좋았을까.' 하고 생각하기 시작한 것이겠지요. 그리고 각종 소아정신과 전문가들이 방송에 나와 개인의 상처를 어루만지고 아이들의 정서를 안정적으로 가꿀 수 있도록 조언했지요.

그런데 부모들이 범한 오류가 있었습니다. 선생님에게도 이런 방식으로 자신의 아이를 대하기를 요구하기 시작했지요. 처음부터 그런 문화가 생겨난 것은 아니었을 겁니다. 아이가 기관에 다녀와서 엄마에게 말했을 것입니다. 선생님에게 혼나서 유치원에 가기 싫다고요. 선생님은 무섭고, 나를 미워한다고 말이지요. 부모님은 속상해지기 시작합니다. '나는 이렇게 애써서 감정을 다치지 않도록 키웠는데, 선생님이 다 망치시는구나.' 하고요. 그러나 선생님은 아이를 망치려 한 것이 아닙니다. 아이를 망치는 것은 반대로 부모님일지도 모릅니다.

다행히도 요즘 '마음 읽어주기 양육'도 균형을 찾기 시작한 듯합니다. 그렇게 섬세하게 다루어 가며 길러낸 아이들이 학교에 입학하자 여러 부작용이 나타났기 때문입니다. 깨인 엄마들은 이것이 뭔가 잘못되었다는 것을 알아채고 새로운 자녀 교육 방식을 찾아 헤맸습니다. 그리고 요즘은 다시 단호한 교육법이 주목받고 있습니다.

가정에서 연습하는 방법

가족관계는 사회성의 기초가 됩니다. 다수의 사회성 관련 논문을 보면, 부모와의 애착과 가족 간의 관계가 아이의 사회성 형성에 많은 영향을 준다고 합니다.* 사회적 관계를 맺는 시작은 학교이지만, 그 관계를 맺게 해주는 또래유능성은 가정에서부터 길러지는 것입니다. 입학 전 가정에서 또래유능성을 높일 수 있는 연습도 필요하겠지요.

아이가 상처받지 않기를 바라는 마음에 무조건 달래주고 수용해 주는 것은 좋은 자녀교육법이 아닙니다. 아이는 사회로 나가자마자 다양한 상황들을 겪습니다. 그 장소에 부모는 없습니다. 다른 친구들은 당연히 아이를 수용하기도, 거부하기도 합니다. 같이 놀고 싶을 때는 같이 놀고, 내가 원하지 않는 놀이를 하자고 할 때는 싫다고 거절하기도 하지요. 그런데 거절당해 본 경험이 적은 아이의 입장에서는 그 거절이 견딜 수 없는 상처로 다가옵니다. 상대방 아이는 그저 피자는 싫어하고 햄버거는 좋아하는 것처럼, 이 놀이는 좋고, 저 놀이는 싫은 것뿐입니다. 그런 사소한 거절들을 보편적인 방식으로 해석하지 못하고, 나를 미워하는 거라며 확대해석하고 상상

---

* 자녀가 지각한 어머니 양육 태도와 또래 관계(2012, 장인실), 부모의 양육 태도와 유아의 사회성 발달과의 관계(2006, 김길자), 초등학생의 부모와의 의사소통 방식과 정서지능이 또래 관계에 미치는 영향(2009, 최현) 외 다수

해 버리면 사회성에 문제가 생기는 것입니다.

　가정에서 건강하게 거절받아 본 경험이 있는 아이들은, 그런 거절의 상황에 의연하게 대처할 수 있습니다. 언제나 나를 받아줄 수는 없다는 것을 잘 알고 있으니까요. 그렇다고 거절받는 데 익숙해지라고 일부러 거절하라는 것은 아닙니다. 부모에게 거부당한 경험이 과하게 많으면, 제대로 된 안정 애착이 형성되지 못하여, 오히려 사회성에 해를 끼칩니다.

　그러니 부모는 안정적인 애착을 주되, 아이에게 모두 맞춰줄 필요는 없다는 사실을 기억해야 합니다. 아이가 원하는 것을 조르고, 제멋대로 행동하고 싶어 할 때 적절하게 훈육하고 단호하게 끊어주면 됩니다. "엄마가 오늘은 너무 바쁘니 너와 놀아줄 시간이 없어. 이해해 주렴.", "이 행동은 굉장히 잘못된 거야. 네 나름대로 이유가 있었다고 해도 이건 무조건 안 되는 거야."

　그러면 아이는 생각할 것입니다. '내가 원한다고 다 할 수는 없구나. 다른 사람은 원하지 않을 수도 있구나.', '내가 이렇게 잘못된 행동을 하면 혼이 나는구나. 잘못된 행동을 하면 남들이 좋아하지 않는구나.' 이렇게 사회적으로 통용되는 방식으로 가정에서 훈육해야 합니다. 내 아이를 위해서 모든 것을 맞춰주는 일방적인 배려는 사회적인 관계에서는 일어나지 않습니다. 잘못된 행동을 해도 이유를 들어주고 아이의 마음부터 위로해 주는 것 역시, 사회적인 관계에서는 일어나지 않지요. 내 아이를 때렸는데, "때리고 싶었던 데는 무슨 이유가 있었겠구나. 때리는 네 손도 아팠겠구나."라고 말해줄 수 있는 사람이 어디 있겠습니까? 집에서와 밖에서 하는 경험의 간극이 너무 커서 아이가 당황하고 적응하지 못하게 되면, 아이는 큰 혼란을 겪습니다. 사회에 적응하는 것이 힘들어지겠지요.

온실 속에서 한 잎 한 잎 닦아가며 어떤 상처도 받지 않도록 기르는 것이 좋은 일일까요? 비와 바람도 맞으면서 시련을 견디는 연습을 시켜주는 것이 아이가 단단히 뿌리를 내리고 커갈 수 있도록 도와주는 일일 것입니다. 어느 날 태풍이 불어와 온실이 날아가 버린다면, 온실 속에서만 커온 화초는 뿌리째 뽑혀 날아가 버릴 것입니다. 그러나 자연에서 자라난 화초는 이미 단단하게 박아둔 뿌리로 인해 날아가지 않겠지요. 그리고 태풍이 지나간 어느 날, 자연 속의 화초는 말할 것입니다. 온실에서 태어나지 않아서 정말 다행이었다고요.

거절당했을 때 의연할 수 있는 아이로 키우는 법

1. 가족회의를 자주 하세요.

집에서 평소 서로 다른 의견을 나누고 소통하는 분위기를 만들어주세요. 아이가 원하는 것을, 부모님이 거절했을 때, 어떻게 타인을 설득해야 원하는 것을 얻는지도 배울 수 있습니다. (102쪽 '가족회의 하는 법' 참고)

2. **거절당해도 아이 자신에 대한 거부가 아니라는 것을 알려주세요.**

"너도 술래잡기보다는, 숨바꼭질 놀이를 더 좋아하잖아. 사람들은 생각이 다 다른 거야. 네가 싫어서 같이 놀기 싫다고 하는 것은 아니야. 싫다고 하면 다른 친구에게 물어보거나, 다음 기회에 다시 물어보면 되는 거야."

3. **평소에 적절하고 단호하게 훈육해 주세요.**

잘못된 행동에 대해서 혼내는 것이지, 너를 미워해서 혼내는 것이 아니라는 것을 알려주면서 훈육해 주세요. 종일 혼나는 행동을 했어도, 자기 전에 아이를 꼭 안고 너를 사랑하는 마음은 한결같음을 표현해 주세요.

4. **"그렇구나." 놀이를 해보세요.**

나와 다른 의견을 의연하게 수용할 수 있는 놀이입니다. 놀이의 규칙은 간단합니다. 평소의 생각을 한마디하고, 그 말을 들은 사람은 "그렇구나." 하고 대답하기만 하면 되는 놀이입니다. 단, 기분 상하는 말은 서로 하지 않도록 주의시켜 주세요.

[예] 아이: 엄마, 나는 하루 종일 게임만 하고 싶어.

엄마: 그렇구나…. 그래, 그럴 수도 있지.

엄마: ○○아, 엄마는 네가 몸에 안 좋은 간식만 먹는 게 걱정돼. 간식을 몽땅 금지시키고 싶어.

아이: 그렇구나….

95

자신의 생각을 분명하게
전달하도록 키우려면

솔직하게 말해주는 친구가 좋아요

또래유능성이 높은 아이들은 친구에게 자기 생각을 분명하게 표현합니다. 다른 친구의 감정은 고려하지 않고 내 주장만 하라는 것은 아닙니다. 또래유능성은 또래의 감정을 기민하게 알아채고 적절하게 행동하는 능력이니까요. 또래 관계에서 솔직하게 이야기하는 것은 중요합니다. 한번은 이런 전화를 받았습니다.

"형진이(가명) 때문에 우리 지훈이(가명)가 너무 괴롭대요. 학교에 가기 싫다고 합니다. 선생님, 그 친구 좀 혼내주세요." 저는 깜짝 놀랍니다.

"지훈이가 그런 생각을 하는 줄은 정말 몰랐습니다."

아이가 학교에 가기 싫을 정도로 괴롭다는데 선생님이 그것도 몰랐냐고 하는 분이 있을 수도 있겠습니다. 네, 몰랐습니다. 지훈이는 친구들과 늘 웃으며 장난을 치는 아이였어요. 간혹 친구들의 장난이 과해 보여서 제지할 때도 지훈이는 늘 괜찮다고 했습니다. 나중에 알게 된 사실인데 선생님의 눈이 없는 곳에서는 더 짓궂은 장난을 쳤나 보더라고요. 지훈이와 상담하며 물어보았습니다. "왜 싫다고 말하지 않았니?" 지훈이는 친구들과 잘 지내고 싶어서 그랬다고 했습니다.

친구들에게 싫은 건 싫다고 딱 잘라 말하는 성격이라고 해서 친구가 없거나 원하는 친구와 놀지 못하는 건 아닙니다. 오히려 처음에는 조금 당황스러울 수 있으나, 분명하게 좋고 싫음을 말하는 친구가 더 편하게 느껴질 수 있습니다. 사람은 예측가능한 것에 편안함을 느낍니다. 사람 간의 관계에서도 마찬가지입니다. 이 친구가 싫어하는 것과 좋아하는 것을 미리 아는 것이 더 예측가능하고 조율하기 쉽습니다. 제 딸과 아들도 싫은 소리를 잘 못하는 성격입니다. 그래서 자주 이야기해 주곤 합니다.

"싫은 건 싫다고 분명히 말해줘야 친구도 미리 알고 조심할 수 있어. 정확하게 얘기해 주는 친구를 더 좋아한다고. 네가 싫다고 표현했다고 친구들이 그걸로 화내지는 않아. 만약 그런 친구가 있다면 진작에 멀어지는 게 더 좋은 일이야. 네가 좋고 싫은 걸 이야기해야 너와 비슷한 친구를 찾고 빠르게 친해질 수도 있어."

이렇게 말해주어도 결국 행동하는 건 아이의 선택이지만, 적어도 아이는 점차 솔직하게 말하는 것에 대한 두려움을 줄여갈 수 있겠지요.

선생님이 기억하는 멋진 아이 3

평소 주변 친구들에게 신망이 두터웠던 다정한 학생 두 명이 기억에 남습니다. 어느 날, 반 친구가 운동장에서 우습게 넘어진 일이 있었어요. 다른 아이들이 깔깔대며 놀리고 있는 틈을 두 아이가 비집고 들어가 "친구가 넘어졌잖아. 비켜." 하고는 넘어진 아이를 부축해서 보건실까지 데려다 줬습니다. 아이들도 단호한 행동이 품는 의미를 충분히 이해할 수 있습니다. 오히려 동경하기까지 합니다. 정말이지 교과서에 싣고 싶을 정도로 멋진 장면이었어요.

-15년차 초등교사 그레이스캘리 선생님

부모님과 솔직하게 마음을 나누는 관계를 형성해 주세요

아이가 행동하는 것에는 타고난 기질의 영향도 있지만, 부모님에게서 보고 배운 태도를 학습하는 때가 많습니다. '말보다는 행동으로 보여라.' 가정교육에서 가장 중요한 명제겠지요. 아이들이 솔직하게 자기표현을 할 수 있도록 부모님이 먼저 모범을 보여주세요.

아이에게 솔직하게 말하는 모습을 보여주면 됩니다. 저 역시 육아를 하면서 말을 안 듣는 아이들에게 화를 그대로 표출할 때가 있었습니다. 그러고 나면 아이들에게 꼭 사과했습니다. 다시 그러지 않으려고 노력하겠다고도 말하고요. 노력은 하겠지만 혹시 잘 안될 수도 있으니, 너희도 엄마를 좀 도와달라고도 했습니다. 어떨 때 엄마가 화가 나는지 너희가 어떤 것을 좀 잘 지켜주었으면 좋겠는지도 미리 이야기해 주었습니다.

이러한 대화 방식은 모든 관계에서도 통용됩니다. 단, 선전포고하듯이 '이런 일은 내가 못 참으니 선 넘지 마!' 하는 태도는 안 됩니다. '사실 나는 이러한 사람인데 이것은 지켜주었으면 좋겠어.'라는 정중한 태도가 좋은 관계를 유지하는 데 도움이 되지요.

"엄마는 오늘 이러저러해서 속상해서 화가 났어. 그렇지만 큰 소리로 화낸 건 미안해." 그러면 아이도 답합니다.

"엄마가 화내서 나도 놀랐어. 그런데 나는 이런저런 이유로 그렇게 행동한 거야. 다음부터 나도 안 그러려고 노력해 볼게. 엄마." 이렇게 서로의 마음을 솔직하게 나누는 시간이 많아지면 아이도 자연스럽게 배우게 됩니다,

아이를 키우며 흔들리는 순간이 있을 때도 혼자 고민하는 것보

다 솔직하게 이야기 나누는 것이 좋습니다. 어느 가정이나 아이들이 스마트폰을 갖고 싶어 하는 순간이 옵니다. 부모님의 스마트폰으로 유튜브를 보거나 게임을 해보려 시도하지요. 이럴 때 어떻게 해야 할까요? 한두 번은 금지하는 것으로 무마가 됩니다. 하지만 아이들은 그리 쉽게 포기하는 존재들이 아닙니다. 기질에 따라 다르긴 합니다만, 미디어는 강한 흥미와 중독성으로 아이들을 계속 유혹합니다. 저는 일방적으로 통제하는 대신 솔직하게 털어놓기로 했습니다.

"얘들아, 엄마는 너희가 게임에 너무 빠져서 다른 중요한 것들을 못 하게 될까 봐 걱정돼. 너희 나이에는 몸으로 뛰어놀고, 손으로 그리고, 책을 읽고 서로 얼굴을 마주 보고 이야기하는, 그런 활동과 상호작용이 중요한 거야. 그래야 뇌가 건강하게 잘 발달해. 엄마는 너희가 게임을 시작하게 되면 너무 빠져서 그것만 하고 싶을까 봐 걱정돼."

아이들은 엄마의 고민을 진지하게 들어주었습니다. 저 혼자만의 고민으로 골몰하다가 어느 날 아이에게 '이것이 엄마의 지침이다!'라며 떡하니 내놓는 방식은 아이들에게 반발심만 줍니다.

고민되는 문제가 있을 때 우리 집에서는 가족회의가 열립니다. 회의는 제가 교실에서 아이들과 학급 회의하는 방식과 유사하게 이루어집니다. 교실에서 회의가 열리면 아이들은 자신들의 불편함을 해결할 방법을 함께 의논합니다. 고작 초등학교 2학년이었던 우리 반 아이들이 낸 해결법 중 하나를 소개합니다.

- 문제: 친구를 놀리거나, 상처를 주는 말을 하는 아이들이 있습니다.
- 해결방안: 나쁜 말을 했을 때는, 좋은 말 다섯 번을 해줍니다.

정말 멋진 해결방안 아닙니까? 아이들은 어른들보다 훨씬 유연한 사고를 가지고 있습니다. 가족회의는 미래의 교육 역량을 키우는 데에도 정말 좋은 기회입니다. 인공지능 시대를 살고 있는 우리 아이들이 꼭 가져야 할 역량이 바로, 문제를 인식하고 해결책을 고민하는 과정에서의 토론·협력·소통 능력입니다. 아이들은 회의를 통해 스스로 문제를 해결하려는 의지를 가지고, 방안을 고민하고, 토론하는 모든 의사결정과정을 그대로 경험합니다.

용서데이

딸아이가 제안하여 시행하게 된 기념일입니다. 가족 간에 솔직하게 말하는 문화를 형성하는 데에 참 좋은 방식입니다. 아마도 아이 입장에서, 부모님께 혼날 걱정없이 속 시원히 말하고 싶었나 봅니다.

용서데이에는 무엇이든 털어놓고, 그것을 들은 상대방이나 부모님은 무엇이든 다 용서해 주어야 합니다. 웃으면서 들어주지요. 그리고 용서데이가 끝난 후에도 그 일로 혼내지 않을 것을 약속하고 시작합니다.

"엄마, 사실은 엄마가 만화 한 개만 보고 끄라고 말했을 때, 유튜브도 봤어."

"아하, 그랬구나. 더 보고 싶었던 마음이 이해되긴 하네."

"그리고 나 엄마 핸드폰 비밀번호 풀 수 있어."

"정말? 그건 몰랐네.(웃음)"

이렇게 솔직한 대화가 오가고 나면 아이를 키우는 데에 있어 더 많은 팁을 얻을 수 있습니다. 우리 아이가 요즘 어떤 유튜브를 보는지, 엄마 몰래 어떤 행동을 하고 싶어하는지를요. 아이가 말한 것에 대해 혼내지는 않겠지만, 규칙을 재설정할 때 참고할 수도 있겠지요.

가족회의 하는 방법 출처:《학급긍정훈육법》중 PDC 학급 회의법 참고

1. 일주일간 서로에게 감사했던 점을 돌아가며 말합니다.

(예) "○○아, 빨래 개는 것을 도와줘서 정말 고마웠어."

  "여보, 우리 가족을 위해서 매일 가장 일찍 일어나 출근하는 당신에게 고마워요."

2. 지난번 가족회의 때 만든 규칙을 잘 지켰는지, 보완할 점은 없는지 돌아봅니다.

3. **가장 시급히 해결해야 할 문제점을 하나 뽑아봅니다.**

용돈 액수, 게임 시간, 티비 시청, 언어습관 등 빈번하게 반복하는 잔소리 주제가 있다면 그것으로 정하면 좋습니다. 만약 2의 과정에서 지난번 규칙을 더 보완하는 일이 시급하다고 판단했다면 지난번 문제점을 다시 문제제기해도 됩니다.

4. **해결방안을 돌아가면서 말해봅니다.**

5. **가장 적합한 방안을 선별합니다. 선별 기준은 다음과 같습니다.**

- 문제와 관련이 있는 것: 문제는 떼쓰는 행동인데, 해결책은 '떼쓸 때마다 용돈을 깎는다.'라고 정해버리면 관련 없는 해결책을 내놓은 것입니다.

- 상처되지 않는 것: 이 해결책이 당사자에게 비난으로 느껴지거나, 수치심이 드는 등 상처가 된다면 좋은 해결책이 아닙니다.

- 도움이 되는 것: 문제행동을 수정하거나 예방하는 것에 도움이 되어야 합니다. 게임 시간을 조절하지 못하는 아이에게 도움이 되는 방식은 타이머를 맞추는 등 조절력을 길러주는 방안이어야지, 다른 벌칙성 규칙을 만드는 것은 도움이 안 되겠지요.

* 정해진 규칙은 스케치북에 써서 잘 보이는 곳에 붙여두면, 누적하여 확인 가능합니다.

실수에 관대한 부모 밑에서
자란 아이가 친구에게도
너그럽습니다

너그러운 아이가 친구에게 사랑받습니다

학교에서는 크고 작은 갈등이 매일 벌어집니다. 부모나 교사의 입장에서는 아이들이 싸우지 않고 즐겁게만 지냈으면 좋겠지만 그런 일은 불가능하다시피 합니다. 한 반 안에는 다양한 성격의 아이들이 모입니다. 실제 사회처럼요. 사회에서 만나는 사람들이 다 내 맘 같지는 않지요. 그렇다고 나와 다른 사람들이 틀리거나 나쁜 사람인 것은 아닙니다. 그저 다를 뿐이지요. 다름을 인정하지 않고 누가 틀렸는지를 따지고 들면 문제는 해결되지 않고 감정만 상할 뿐입니다.

아이들 사회에서도 마찬가지입니다. 교실에서 아이들이 싸우는 경우는 대부분 의견 차이가 발생했기 때문입니다. 또래유능성이 높은 아이들은 의견이 다르면 어떤 방식으로 모두가 만족하게 할까를 고민합니다. 그러나 또래 관계에 서투른 아이들은 무조건 자기 의견을 관철하려 하거나, 아예 의견을 내세우지 못하기도 합니다. 이런 경우를 몇 차례 겪어가며 아이들은 나름대로 친구를 고릅니다. 어느 친구와 어울리는 것이 더 나을지를요. 그리고 곧 무리가 형성됩니다. 물론 1년 내내 꼭 그 무리끼리만 노는 것은 아니지만 주로 이렇게 어울립니다. 그러면 무리는 어떤 식으로 나뉘는지 볼까요?

- 1형. 또래유능성이 높은 친구들 무리: 별다른 갈등이 없으며, 갈등이 생겨도 학생들끼리 조율하여 원만하게 해결됩니다. 서로 고운 말을 쓰며 이 무리에 속한 아이들은 친구 문제로 고민하는 빈도가 확연히 낮습니다.
- 2형. 갈등을 자주 일으키는 친구들 무리: 자주 다투며, 친할 때는 즐겁게 놀다가도, 토라지면 바로 선생님에게 서로를 이르러 달려옵니다. 갈등이 일어날 때 학생들끼리 해결하기보다는 선생님에게 그 문제를 가지고 오는 경우가 많습니다. 서로 비난하고, 상처주는 말을 주고받으며 필요 때문에 함께 놀지만, 실제로 서로

를 마음에 들어 하지 않는 경우도 많습니다.

　여학생들은 조금 더 복잡한 방식으로 관계를 맺으므로 이렇게 명확하게 구분하기는 애매합니다. 대부분 갈등이 겉으로 잘 드러나지 않으며, 서로 쉬쉬합니다. 교사에게 포착되는 순간은, 늘 함께 놀던 무리 중 한 아이만이 갑자기 혼자 있는 경우입니다. 그런 경우 저학년은 불러서 물어보면 깜짝 놀라 다시 어울립니다. 그러나 선생님 눈앞에서만 어울리는 척할 뿐이지 제대로 갈등이 해결되지 않으면 찝찝한 상태로 지내게 됩니다. 그렇다고 어른들이 불러서 "왜 그러는 거니? 여기서 터놓고 말해봐."라고 다그친다고 해결되지는 않습니다. 그냥 두고 보면, 또 웃으며 잘 지내곤 합니다. 물론 그 과정 속에서 상처받기도 합니다. 그렇지만 지금 그런 경험을 한 것이 앞으로 더 복잡해지고 은밀해질 사춘기 관계를 형성해 나가는 데에 큰 자양분이 될 것입니다.

　우리 아이는 어떤 무리에 속하기를 바라십니까? 대부분 1형에 속하기를 바라실 겁니다. 그런데 애석하게도 1형에 속한 아이들처럼 또래유능성이 높고 성격도 원만하고, 친구들에게 사랑받는 아이는 절반도 안 됩니다. 점점 더 그 비율은 줄어들고 있습니다. 대부분의 아이는 자기의 주장을 관철시키고 싶어 합니다. 가정에서 나와 학교로 오면 더 이상 내 주장에 순순히 따라주는 사람은 없습니다. 다들 자기 주장이 중요하지요. 그 가운데에서 내 주장을 받아주는 친구가 있다면 당연히 마음이 갈 것입니다.

아이에게 너그럽게 대해주세요

또래유능성이 높은 아이들은 무조건 자기 의견만 내세우기보다는, 자기 주장을 관철하기 위해서 다른 친구들의 마음을 어떻게 얻어야 하는지 알고 있습니다. 그것은 공부하듯이 배워서 아는 것이 아니라 가정교육으로 체화되어 자연스럽게 아는 것입니다. 이번에는 내 주장을 양보하고, 친구의 주장부터 받아들여 주고, "대신 다음번에는 내 뜻대로 한번 해보자."라고 조율하는 말하기를 합니다. 교사인 제가 봐도 '가정교육 참 잘 받았구나.' 싶은 아이들입니다. 그런 아이들을 보면 흐뭇해집니다.

반대의 경우 학교에서 아무리 인성교육을 하고, 생활지도를 하고, 좋은 말들을 해주어도 바뀌기 어렵습니다. 아이들은 생각합니다. '머리로는 뭐가 바른 행동인지 알죠! 그런데 실전에서는 그렇게 안 된다고요.' 갈등 상황이 닥치면 로봇처럼 '아, 여기서는 이렇게 해야겠지? 이 행동은 잘못되었겠지? 그럼 내가 여기서 선택해야 할 행동은?' 하고 생각하면서 행동하는 아이는 없습니다. 그건 어른들의 환상입니다. 아이들은 그저 튀어나오는 대로 행동합니다. 그러면 아이들의 그런 즉각적인 행동은 어디에서 기인할까요? 당연히 가정환경입니다. 아동의 사회성을 연구한 다수의 논문에서도, 부모와의 관계와 애착과 양육 태도, 의사소통 방식 등이 또래 관계와 밀접한 관계가 있다는 결론이 도출되었습니다.

부모가 아이의 실수에 엄격하고, 질책을 많이 하는 모습을 보였다면 자녀 또한 그대로 다른 친구에게 행동합니다. 내 마음에 들지 않는 행동을 너그럽게 포용해 주기가 힘들지요. 아이 또한 친구들을 질책하고, 화를 표출합니다. 반대로 부모가 아이의 실수에 관대하고 너그러운 집이 있습니다. 이러한 가정에서 자란 학생은 친구에게도 너그럽습니다. 친구들은 어떤 친구를 좋아하게 될까요? 당연히 후자입니다. 함께 놀이하다가 실수로 우리 팀이 져버렸습니다. 그때 타박하고 짜증을 내는 친구보다는, 괜찮다고 응원해 주는 친구가 당연히 좋을 것입니다.

학교에 가면 아이들은 크고 작은 상처를 받습니다. 그 친구가 의도했든 의도하지 않았든 상처를 받게 되지요. 그럴 때 아이들은 대부분 또 다른 친구에게서 위로받습니다. 아이들이 지내는 방식을 보면 정말로 흐뭇할 때가 많습니다. 여러 친구를 헤집어 놓고 다니는 한 학생이 있었습니다. 어느 날 수민이(가명) 또한 봉변 같은 일을 당했습니다. 뛰어가다 수민이의 어깨에 부딪힌 그 친구는 다짜고짜 화를 내고 길길이 날뜁니다. 수민이는 여린 마음에 눈물을 쏟고 말지요. 그럴 때 수민이에게 다른 친구들이 다가와서 달래줍니다. 선생님에게 수민이 대신 일러주기도 하지요. 수민이가 울음을 그칠 때까지 친구들은 수민이 곁을 지켜줍니다. 수민이는 그 힘으로 괜찮아지는 것입니다. 집에 가서 수민이는 엄마에게 오늘 정말 속상한 일이 있었다며 이야기할 것입니다. 그러나 수민이 엄마가 안절부절못하며 '우리 아이에게 그런 행동을 한 아이가 있다니!' 하며 흥분할 필요가 없는 것은, 이미 수민이는 친구들과 선생님께 위로를 다 받았기 때문입니다. 그리고 집에 가서 문득 울었던 기억이 떠올라 엄마에게 이야기하며 다시 한 번 그 위로의 마음을 느끼고 싶은 것입니다. 그런데 엄마가 더 화나서 길길이 날뛰면 아이는 자신이 기대했던 모습이 아니라 당황하겠지요.

아이와 갈등이 생기는 것도 친구이지만, 아이에게 의지와 위로가 되는 것 또한 친구입니다. 아이들은 그런 과정을 겪으면서 인간관계가 어떤 식으로 돌아가는지 경험합니다. 그리고 나에게 위안이 되는 친구를 찾아가지요.

그러니 집에서 아이에게 보여야 할 가장 중요한 태도는 너그러움입니다. 그리고 커다란 품입니다. 수민이 엄마는 수민이를 안아 준 후, "너를 위로해 줄 좋은 친구들이 있어서 정말 다행이구나." 라고 이야기해 주면 됩니다. 그러면 수민이는 '나는 집에 오면 사랑해 주는 엄마가 있고, 학교에 가면 좋은 친구들이 있으니 정말 다행이야!'라고 생각하며 다시 씩씩하게 학교에 가서 좋은 친구들과 신나는 시간을 보내고 올 것입니다.

너그러움을 가르치는 법

너그러운 부모가 되라는 것은, 단순히 화내지 말라는 뜻이 아닙니다. 혼나야 할 상황에서도 부모가 그저 평온하다면 아이는 아무것도 배울 수 없습니다. 상황을 용인해야 할 때와 훈육해야 할 때를 구분해 볼까요?

· 상황 1. 너그럽고, 관대해도 될 때: 단순히 실수했을 때

아이가 우유컵을 쏟았습니다. 이때 아이의 마음은 어떨까요? 아마 스스로가 더 당황했을 것입니다. 그럴 때는 이렇게 말해주세요.

"우유컵을 쏟은 것은 실수로 한 행동이니 괜찮아. 혼날 일은 아니야. 다만 네 실수이니, 책임을 지고 깨끗이 닦아야 해."

"어때, 닦아보니 힘들지? 앞으로는 실수하지 않도록 조심하는 게 좋겠구나."

· 상황 2. 혼내야 할 때: 위험하거나, 잘못된 행동을 했을 때

공을 던져 동생을 맞추었습니다. 이때는 단호하고 엄격하게 이야기해야 합니다.

"네 행동으로 인해 다른 사람이 위험했잖아. 다른 사람의 몸이나 마음을 다치게 하는 행동은 절대 안 되는 거야. 지난 가족회의 때 정한 규칙대로 해결하자꾸나."

또래유능성을 높여주는
부모의 말,말,말

아이에게 기댈 언덕이 되어주는 부모의 말들

아이는 부모의 한마디 말로 세상을 헤쳐 나갈 힘을 얻기도 합니다. 이 시기의 아이들에게는 아직 부모님이 들려줄 이야기가 참 많답니다. 또래 관계에서 첫 난관을 경험하고 우왕좌왕하는 아이에게는 부모의 말이 길잡이가 되어주고 기댈 언덕이 되어주지요. 다음 말들을 참고하여 아이와 대화해 보기를 바랍니다.

표현을 어려워하는 아이에게

- "친구들도 누군가 다가와 주고 먼저 말 걸어주기를 원해. 네가 자신감 있게 먼저 말을 걸어봐도 돼. 그리고 잘 받아주는 친구가 있다면 그때부터 아주 멋진 친구 사이가 되는 거지."
- "오늘은 미션을 하나 줄게. 너를 불편하게 하는 친구에게, '하지 마. 네가 그렇게 하니까 기분이 나빠.' 하고 말하고 오는 거야. 기억해. 딱 한 가지 미션이야. 자, 미리 엄마와 연습해 보자."
- "친구가 장난을 쳐서 기분이 안 좋을 때는 웃지 말고, 네 감정에 맞는 표정으로 분명하게 전달해야 해. 네가 웃어버리면 친구는 같이 장난치며 놀고 있다고 생각할 수도 있어."
- "그 친구에게 네가 하기 싫은 건 '싫다'라고 마음 편히 말할 수 있는 관계니? 그게 아니라면 좋은 친구 관계가 아닐 수도 있어. 네 마음을 언제든 툭 터놓고 좋음과 싫음을 편하게 말할 수 있는 관계여야 오래 좋은 사이를 유지할 수 있는 거야."
- "친구에게 모든 것을 맞춰줄 필요는 없어. 네가 뭘 좋아하고 싫어하는지, 어떤 행동을 불편해하는지 친구도 알아야 해. 그리고 친구도 알고 싶을 거야."
- "친구가 하는 행동을 무조건 따를 필요는 없어. 네가 판단해

서 행동하는 것이 중요한 거야. 아무리 친구와 친해지고 싶어도 너만의 중심이 있어야 해. 네 생각에 옳지 않은 행동을 하는 친구라면 어울리지 않는 게 좋아."

- "친구가 너를 함부로 대할 때 그냥 내버려 두지 마. 엄마가 너를 소중하게 생각하는 것처럼 너도 너 자신이 소중다는 것을 기억하고, 존중받아야 한다는 것을 잊지 마."

- "너는 귀한 사람이야. 친구가 아무렇게나 대하도록 그냥 내버려 두는 건 네가 너 자신을 귀하게 대접하지 않는 거야. 너 자신을 귀하게 대접할 때, 남들도 너를 귀하게 대접할 수 있어."

- "친구가 너에게 못되게 대해서 상처받았다면, 그냥 넘기지 말고 그 일에 대해 사과해 달라고 말해. 그냥 얼렁뚱땅 넘어가는 것보다 사과받는 것이 좋은 방법이야. 그러면 그 친구도 네가 상처받았다는 것을 알고 조심하게 되고, 반복하지 않을 수 있지. 사과해 달라고 말했을 때 그 친구의 반응을 보면 좋은 친구인지 아닌지도 알 수 있게 돼."

- "그 친구가 너에게만 그렇게 행동하는 건 아닐 수도 있어. 그 친구가 평소에 다른 친구들에게도 늘 그렇게 굴진 않니? 너를 괴롭히려는 의도보다는 그 친구의 성향이 그럴 수도 있으니, 크게 스트레스받는 대신 분명하게 하지 말라고 의사를 표현하고, 그래도 안 되면 선생님께 도움을 요청하면

돼."

- "친구나 선생님께 네 기분을 설명하고 싶은데 쑥스럽거나 어렵다면 글로 표현하는 것도 좋은 방법이야. 짧은 메모 하나로도 충분히 도움받을 수 있어."

친구에게 상처받은 아이에게

- "아이고, 저런. 속상했겠구나. 그래서 너는 어떻게 했어? 어떻게 대처하면 좋을까?"
- "너를 잘 모르는 친구들의 말은 중요하지 않아. 너를 아끼고 사랑하는 가족이나 친한 친구의 좋은 말들을 떠올려 봐. 너는 충분히 멋진 아이야."
- "엄마아빠도 어릴 때 친구 사이에서 힘들었던 적이 있어. 그렇지만 잘 이겨냈지. 너도 충분히 잘 해낼 수 있어."
- "네 마음은 어때? 엄마가 어떤 도움을 주면 좋겠니?"
- "그런 문제는 어떻게 해결하는 것이 좋을지 한번 이야기를 나누어 볼까? 다양한 해결 방법을 한번 생각해 보자."
- "엄마가 이렇게 조언하는 것이 너에게 도움이 되니? 이 말들이 네 마음을 불편하게 한다면 언제든 말해."
- "그 친구 때문에 네가 힘들어하는 것 같아서 엄마는 걱정이 되는구나. 너는 그 친구와 계속 어울리는 것이 괜찮니?"

- "그 친구의 말이 너에게 상처가 되는 것 같은데, 네가 계속 그렇게 지내다가는 마음을 다칠까 봐 걱정되는구나. 너는 어떻게 했으면 좋겠니?"

칭찬과 사랑으로 자신감을 높여주세요

- "우와, 학교생활을 멋지게 잘 해내고 있구나. 선생님 말씀도 잘 듣고 친구도 도와주는 네가 정말 자랑스러워!"
- "우와! 우리 ○○ 친구랑 화해하고 왔구나. 먼저 말 걸어본 건 정말 용기 있는 행동이었어! 멋지다! 잘했어!"
- "엄마는 너와 꼭 안고 있는 이 시간이 가장 좋아. 우리 딸 오늘도 한 번 꼭 안고 심장을 맞대볼까? 엄마는 너로 인해 충전된단다. 너는 우리 가족의 축복이야."

멋진 친구가 될 수 있도록

- "입장을 바꿔 생각했을 때 기분이 나쁘거나 상처가 될 만한 행동은 너도 친구에게 하면 안 되는 거야. 친구는 끼리끼리 어울린다는 말이 있어. 네가 좋은 친구가 되어주면 좋은 친구들이 너에게 모일 거야."
- "선생님 말씀을 잘 듣고 학교 규칙을 잘 지키는 게 중요해.

친구에게 인정받는 아이가 앞서갑니다

그러면 친구들도 너를 멋진 친구로 인정해 준단다."

- "말하는 습관이 곧 내가 어떤 사람인지를 보여주는 거야. 친구에게 '너 진짜 멋지다.', '축하해.'라고 말할 줄 아는 아이가 정말 멋진 아이인 거지."

이런 질문은 안 하는 게 좋아요

- "요즘 누구랑 제일 친해?": '단짝 친구가 있어야 하나? 나는 두루두루 어울리는데, 진짜 친한 친구는 못 사귄 건가?' 하는 생각을 심어줄 수 있어요.
- "너는 친한 친구가 몇 명 있어?": 친구가 많지 않으면 안 좋은 거라고 생각할 수도 있어요.
- "너를 괴롭히는 친구는 없니?": 친구는 괴롭히는 존재라는 부정적인 인식을 줄 수 있습니다.
- "학교에서 무슨 안 좋은 일 있었니?": 학교에서 있었던 좋은 일들은 중요하지 않다고 생각하고, 안 좋은 몇몇의 일들만 크게 생각하게 될 수도 있어요.

117

3깡

또래유능성을
키우는 놀이
사회성 연습

사회성 연습:
보드게임으로 쑥쑥 높이는
또래유능성

보드게임으로 배우는 다섯 가지 사회기술

아이들은 부모를 너무 사랑해서 닮고 싶어 합니다. 그래서 아이를 가르치겠다고 말로 맹자 왈 공자 왈 읊어주는 것보다, 부모가 모범을 보여주고, 직접 경험하게 하는 것이 확실한 교육이 됩니다. 스위스의 교육자 요한 페스탈로치는 직관교육을 강조했습니다. 직관은 실생활에서 맞부딪치며 깨닫는 과정에서 자동으로 발달한다고 주장했지요. 페스탈로치는 수학을 가르칠 때도 칠판을 사용하는 대신 나뭇가지와 돌멩이로 직접 만지고 세어보도록 했습니다. 이러한 직관교육은 또래유능성을 키우는 것에도 적용됩니다. 실제로 부딪혀 가며 깨닫는 것이 가장 효과적이지요. 그렇다고 아무런 준비 없이 친구들과 부딪혀 보라고 할 수는 없는 일입니다. 사회적 기술이 하나도 없는 채로 미숙하게 나갔다간 상처받고 움츠러들어 버릴 수도 있습니다. 아이들이 자연스럽게 사회성을 연습해 볼 수 있는 장치가 바로 놀이입니다. 그리고 그 시작은 부모가 가장 적당한 상대입니다. 아이의 미숙함을 받아줄 수도 있으며, 잘못된 행동은 고쳐줄 수 있고, 모범도 보일 수 있는 가장 훌륭한 놀이 상대이지요.

학생들은 쉬는 시간에 친구들과 모여 보드게임 하는 것을 참 좋아합니다. 보드게임을 하면서 아이들이 보이는 모습을 보면, 실제 친구들을 대하는 모습과 일치합니다. 자기주장이 강한 아이들은 보드게임을 할 때도 그렇습니다. 승부욕이 강한 아이는 보드게임에서도 그 승부욕을 그대로 드러냅니다. 예쁜 말을 잘하는 아이는 보드게임에서도 같은 팀 친구를 열심히 응원해 주고, 비난의 말을 자주하는 아이는, "너 때문에 졌잖아!"라며 친구를 비난합니다. 짧은 보드게임에서도 아이들은 이기고, 지고, 협동하고, 경쟁하고, 의견을 조율하는 등의 다양한 상황을 마주할 수 있습니다. 그리고 그 상황에서 자기 행동을 결정해야 하지요. 그렇기 때문에 보드게임은 사회성을 연습할 수 있는 좋은 도구입니다. 보통 부모님들은 학습을 위한 보드게임을 사고 싶어 합니다. 수학 연산에 도움이 되는 보드게임 등이지요. 그렇지만 꼭 그런 기준으로 사지 않아도 됩니다. 그냥 단순히 재미를 보고 고르는 보드게임이 있어도 좋습니다. 아이들은 어떤 보드게임에서건 무언가는 배울 수 있습니다. 그저 엄마와 함께하는 시간이 즐겁다 정도의 배움일지라도요.

사회성이 낮은 아이들을 위해 임상 현장에서 다루는 사회 기술 훈련에는 자기조절, 자기주장, 공감, 책임, 협력 등이 있습니다.* 이 기술들을 한번 찬찬히 훑어보세요. 모두 보드게임을 하며 경험할 수 있는 것들입니다. 전문적 개입이 필요한 아이가 아니라면, 보드게임으로 즐겁게 놀면서 진행할 수 있는 훈련들이지요. 아이는 즐겁게 논다고 생각하는데, 배움이 이루어진다면 그것이야말로 정말 효과적인 교육이겠지요. 자신이 사회기술을 훈련받는지도 모른 채 저절로 학습하면서, '이런 상황에서는 이렇게 행동하는 것이 좋겠구나!'라고 체득하게 됩니다. 바로 이것이 직관교육이지요.

보드게임으로 아이의 행동을 교정할 수 있습니다

보드게임을 하면서 아이들은 타인의 욕구나 생각이 나와 다르다는 것을 깨닫고, 어떻게 그 차이를 조율해 갈지를 배울 수 있습니다. 말이 없던 아이도, 주장이 너무 많은 아이도 의사소통 기술을 배워 나갈 수 있고요. 늘 내가 이길 수만은 없다는 것도 배우고, 내

---

* 《사회성이 부족한 아이돕기》, 최명선·정유진·서은미 저, 이담북스

또래유능성을 높이는 사회기술별 추천 보드게임

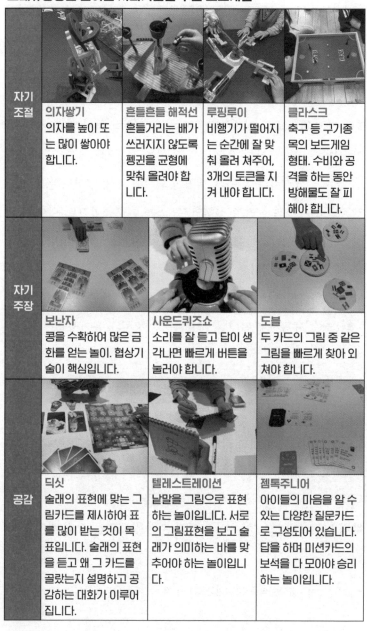

자기 조절	**의자쌓기** 의자를 높이 또는 많이 쌓아야 합니다.	**흔들흔들 해적선** 흔들거리는 배가 쓰러지지 않도록 펭귄을 균형에 맞춰 올려야 합니다.	**루핑루이** 비행기가 떨어지는 순간에 잘 맞춰 올려 쳐주어, 3개의 토큰을 지켜 내야 합니다.	**클라스크** 축구 등 구기종목의 보드게임 형태. 수비와 공격을 하는 동안 방해물도 잘 피해야 합니다.
자기 주장	**보난자** 콩을 수확하여 많은 금화를 얻는 놀이. 협상기술이 핵심입니다.	**사운드퀴즈쇼** 소리를 잘 듣고 답이 생각나면 빠르게 버튼을 눌러야 합니다.	**도블** 두 카드의 그림 중 같은 그림을 빠르게 찾아 외쳐야 합니다.	
공감	**딕싯** 술래의 표현에 맞는 그림카드를 제시하여 표를 많이 받는 것이 목표입니다. 술래의 표현을 듣고 왜 그 카드를 골랐는지 설명하고 공감하는 대화가 이루어집니다.	**텔레스트레이션** 낱말을 그림으로 표현하는 놀이입니다. 서로의 그림표현을 보고 술래가 의미하는 바를 맞추어야 하는 놀이입니다.	**젬톡주니어** 아이들의 마음을 알 수 있는 다양한 질문카드로 구성되어 있습니다. 답을 하며 미션카드의 보석을 다 모아야 승리하는 놀이입니다.	

친구에게 인정받는 아이가 앞서갑니다

책임	**브루마블** 자신의 땅에 얼마의 돈을 들여 건물을 세울 것인지 정하고, 파산이 되지 않도록 관리하고 결과에 책임져야 합니다.	**노땡스** 숫자카드의 합이 가장 낮은 사람이 이기는 놀이. 카드를 거부하려면 토큰을 하나씩 내야 하며, 더 낼 토큰이 없다면 카드를 가져갈 수밖에 없습니다.	**배틀쉽** 양을 퍼뜨려 땅을 많이 차지한 사람이 이기는 놀이입니다. 다른 양들에 둘러싸이면 더 이상 움직일 수 없으니 잘 판단해서 움직여야 합니다.
협력	**5분 마블** 게임참여자가 모두 협력하여 5분 안에 악당을 해치우는 놀이입니다.	**더마인드** 서로 힘을 합쳐 순서를 오름차순으로 내야 합니다. 이 과정에서 말이나 신호 없이 해야 성공입니다.	**팀3** 3명이 한 팀이 되어 카드와 똑같은 모양을 만들어야 합니다. 설계자가 동작으로 표현하면 관리자는 말로 설명해주고, 건축가는 눈을 가린 채 쌓습니다.

가 늘 지지는 않는다는 사실도 배우지요. 보드게임은 능력으로 이 길 수 있는 게임도 있지만, 대부분 운이 좋아야 승리할 수 있습니다. 아이들은 자신이 통제할 수 없는 상황에서 다양한 반응을 보입

니다. 그래서 아이와 함께 보드게임을 하다 보면, 문제행동도 포착할 수 있습니다. 그러면 대체 행동을 알려줄 수 있지요. 예를 들면, 보드게임을 하다가 화를 주체하지 못하는 아이의 행동을 발견하면, "화가 날 때는 잠시 멈추고 심호흡을 하는 게 좋아." 하고 말해주는 것입니다.

위에서 소개한 보드게임 중 〈보난자〉라는 게임은 미취학 아이들에게는 어려울 수 있지만, 어느 정도 사고력이 발달한 초등학생들은 충분히 할 수 있습니다. 이 게임이 특이한 것은 '협상'이라는 기술을 사용하여야 한다는 점입니다. 게임의 목표는 콩을 심고 수확하여, 많은 코인을 얻는 것입니다. 이 과정에서 서로 콩을 교환합니다. 괜히 나에게 필요 없는 콩을 가지고 있으면 기존에 열심히 심었던 콩들을 다 갈아엎고 그 콩을 심어야 하므로, 서로 필요 없는 콩을 필요한 콩으로 교환하는 것이 필수적입니다. 교실에서 말수가 적고 자기주장을 힘들어하던 아이들도, 이 게임에서는 주장을 해야합니다. "나 이 강낭콩 두 개가 필요 없는데, 완두콩과 바꾸고 싶어." 라고요. 그러면 다른 아이들도 협상을 시도합니다. "나에게 완두콩이 있는데, 완두콩 한 개 줄 테니 강낭콩 두 개 줄래?" 그러면 아이는 두 개를 한 개와 교환할 것인지, 두 개와 두 개를 바꾸자고 주장할 것인지, 아니면 협상을 포기할 것인지를 결정하고 또다시 주장해야 합니다. 가만히 보니 상대 친구도 완두콩을 괜히 가지고 있다간 곤란한 상황이 발생할 것 같다면 "그럼 바꾸지 말든지!"라고 대담하게 주장해 볼 수 있습니다. "그럼 두 개와 두 개를 바꾸자…." 하고 숙이고 들어오기도 합니다. 우리 아들은 초등학교 3학년 때 이 게임이 너무 재미있다며 같이 하자고 매일 조를 정도였습니다. 저는 계속 제가 유리한 쪽으로 콩을 교환했는데, 아이는 그것을 반복해서 당하더니, 곧 자신의 협상 기술도 높여갔습니다.

찾아보면 이런 좋은 보드게임이 정말 많습니다. 요즘 아이들은 손쉽게 스마트폰이나 컴퓨터로 게임을 할 수 있습니다. 그러나 모니터 앞에서 하는 게임은 상대의 얼굴과 반응을 살필 수 없어서 욕하는 등의 행동을 쉽게 하며, 그것이 습관화되면 현실에서도 이어지는 경향이 있습니다. 그러나 보드게임을 하면 서로의 반응을 살피고 소통하게 되므로 그런 문제행동도 줄어들게 됩니다. 그리고 사실, 아이들도 모니터 앞에서 하는 게임보다 친구 또는 가족들과 하는 보드게임을 정말로 좋아합니다. 저 또한 일하고 오면 힘들어서 아이와 보드게임 해주는 것이 귀찮을 때가 많습니다. 그러나 준비를 다 해놓고 오기만 하라고 자리까지 마련해 놓으니 그 정성이 미안해서 함께 게임을 하게 됩니다.

이번 주에 당장 아이들과 보드게임 한판 어떨까요? 교육적 효과도 있지만, 보드게임으로 얻는 가장 좋은 이점은 바로, 부모와 함께 웃는 시간입니다.

보드게임 중 아이의 문제행동 대처법

1. **지는 것을 못 견디는 아이:** 이긴 사람에게 "축하해."라고 말해 주는 것이 멋진 행동이라는 것을 알려주고, 부모님도 진심으로 승리자를 축하해 주는 모습을 보여주세요. 져서 씩씩대는 것보다, "축하해"라고 말했을 때 칭찬을 듬뿍 해주면 좋습니다.

2. **게임이 잘 안 풀리면 지레 포기하는 아이:** 끝까지 하도록 독려해 주시고, 운의 요소가 많이 포함된 보드게임을 통해서 질 것 같아도 끝까지 하면 상황이 반전될 수 있다는 것을 경험하게 해주세요. "봐봐. 끝까지 포기하지 않고 하니까 좋은 결과가 나오지?"

3. **게임 중 우기고, 화내는 아이:** 규칙을 따르지 않으면 함께 게임할 수 없다며 놀이를 중단하세요.

4. **이기고 난 뒤, 진 사람을 조롱하는 아이:** 누구나 이기고 질 수 있음을 여러 번의 게임을 통해 알려주고, 졌을 때의 마음을 물어봐 주세요. 그리고 진 사람의 마음을 헤아려 놀리지 않도록 지도해 주세요.

친구에게 인정받는 아이가 앞서갑니다

대처 방법 연습:
아빠와의 놀이, 매칭 게임

아빠와의 놀이는 아이에게 실험입니다

어느 순간부터 아빠의 육아 동참을 권장하고, 아빠와의 관계가 아이들에게 중요한 영향을 미친다는 이야기들이 많이 나오기 시작했습니다. 각종 프로그램에서는 아빠와 여행을 가는 모습과 아빠가 엄마 대신 아이를 혼자 돌보는 모습을 보여주었죠. 좋은 변화입니다. 더 이상 여성이 육아를 전담해야 한다는 생각은 옳지 않지요. 요즘 아빠들은 예전 우리네 아버지와는 다릅니다. 아이의 양육에 많이 참여하지요. 일 때문에 바빠서 참여를 못 할 때도, 충분히 미안해

합니다. 그건 여자의 일이니 나는 좀 소홀해도 된다고 생각하지 않습니다. 이미 2007년에 발표된 논문*에서 아버지의 육아 참여도가 높을수록 아이의 사회성이 높다는 결과가 나왔습니다. 아버지의 놀이 참여도가 아이에게 주는 긍정적 영향을 다룬 논문도 다수입니다. 아버지의 놀이 참여도가 유아의 사회적 유능성과 자기 조절력에 미치는 영향**(2016, 장여옥)을 연구한 논문에서는 아버지가 자녀와 많이 놀아줄수록 아이들의 사회적 유능성과 자기 조절력이 높아지는 것으로 나왔습니다.

가끔 엄마들끼리는 남편을 이해할 수 없다고 말하곤 합니다. 어리숙하고 실수도 잦기 때문입니다. 그런데 이런 행동들이 아이에게는 긍정적으로 작용할 수 있습니다. 엄마들은 대부분 정확하고 통제적이고, 안전하게 양육합니다. 그러나 아빠는 조금 어설프고, 자유롭고, 심지어 예상치 못한 일을 벌이기도 합니다. 이처럼 상반된 성향의 양육자가 동시에 육아에 참여하는 가정은 가장 이상적인 모습으로 볼 수도 있습니다. 부모가 둘 다 너무 통제적이고 일관적이거나, 둘 다 너무 방임적인 것보다는, 한쪽은 통제해 주고, 한쪽이 적절히 풀어준다면 아이가 다양한 상황을 경험할 수 있으니까요. 아버지가 통제적이고 무서운 것보다는, 놀아주는 역할을 해주는 상

---

* 아버지의 양육태도가 아이의 사회성에 미치는 영향(2007,김영숙)
** 아버지의 놀이 참여도가 유아의 사회적 유능성과 자기 조절력에 미치는 영향(2016,장여옥)

친구에게 인정받는 아이가 앞서갑니다

대일 때 아이의 사회성에 더 긍정적인 영향을 미칩니다. 아빠들은 엄마가 놀아주는 방식과 다르게 놀아줍니다. 아이에게 좀 더 대담한 놀이를 제안하거나 받아줍니다. 그래서 엄마와 노는 것보다 더 동적이고 모험적으로 놀 수 있습니다. 이러한 놀이는 아이에게 일종의 실험입니다. 내가 어디까지 가능한가 하는 실험을 할 수 있지요. 어떤 능력이든 도전해 보고, 성취하거나 좌절되는 경험으로 인해 한 단계 나아갑니다. 어릴 때 부모가 지켜보고 있는 상황에서 넘어져 봐야, 나중에 혼자 있을 때 더 크게 다치지 않을 수도 있고요. 남자아이들은 아빠와 장난을 치면서 어느 정도로 힘 조절을 하고 상대방과 접촉해야 괜찮은지도 조율합니다. 너무 세게 때렸더니 아빠가 화를 낸다든가, 힘으로 이길 수 없을 때는 다른 대처 방법을 생각해 낸다든가 하는 것이지요. 요즘은 학폭 이슈 등으로 다른 친구의 몸에 손도 대지 말라고 교육합니다. 저도 담임교사로서 매년, 아니 매일 학생들에게 당부합니다. 이런 이유들로 다른 사람과 몸을 부딪치며 노는 연습은 아빠밖에 해줄 수가 없는 일입니다.

아빠들은 참 친구처럼 놀아줍니다. 아이와 친구처럼 싸우기도 합니다. 엄마가 보기에는 너무 유치하지만 아이는 여기에서도 사회성의 팁을 얻습니다. 실컷 싸워보고 상대의 반응도 보고 화해도 해보는 것이지요. 아빠는 심지어 아이에게 짓궂은 장난을 자꾸 걸어옵니다. 엄마는 자신의 마음을 위로해 주고 감정을 돌보아 주는 반면, 아빠는 애써 엄마가 달래놓은 감정을 자꾸 헤집어 놓습니다. 미용실에 가서 머리카락을 자르고 온 날, 아이가 마음에 들지 않는다고 울먹입니다. 엄마는 괜찮다고, 엄마 눈에는 가장 멋지다는 말을 반복하며 아이를 달래주지요. 그런데 아빠가 퇴근해서 오더니 아이를 보고 막 웃어댑니다. 머리가 그게 뭐냐고 말이지요. 아이는 울음을 터뜨리고 맙니다. 그리고 엄마는 그런 아빠를 타박하게 되지요. 그렇지만 아빠는 어쩌면 아이에게 가장 현실적인 반응을 보여준 사람입니다. 학교에 가면 짓궂게 아이를 놀리는 친구들이 분명 있을 것입니다. 아이는 이런 상황에도 분명 대비해야만 합니다.

아빠와 함께 연습하는, 짓궂은 친구 대처 방법
---

1. **아빠가 놀릴 때**: "하지 마."라고 말하는 연습을 하기 좋은 기회입니다. 아빠가 아이에게 짓궂게 대하는 방식이 불만스러울 때는 아이에게 대처하는 방법을 가르쳐 줄 기회로 삼으면 됩니다.

2. **싫어하는 행동을 반복할 때**: 무시하거나, 그만하라고 단호하게 말합니다. 그래도 안 된다면 엄마에게 도움을 청하는 등의 거부 행동을 연습하기 좋은 기회입니다.

3. **아빠가 때리는 장난을 칠 때**: 아이의 기분을 물어보고, 왜 다른 사람을 때리면 안 되는지를 피해자 입장에서 이해하도록 설명해 주세요. 몸으로 하는 장난은 아빠와의 놀이에서 안전

할 수 있는 범위 내에서만 허용됨을 꼭 알려주시고요.

마지막으로 아빠의 이러한 놀이방식은 다른 친구에게는 절대 하면 안 되는 행동이라고 꼭 알려주어야 합니다.

* 아빠가 아닌 다른 가족구성원이 이런 역할을 하고 있을 수도 있습니다. 그럴 때도 마찬가지 기회로 삼고 이처럼 지도해 주세요.

대처 방법을 연습할 수 있는 매칭 게임

아이들은 또래 관계에서 여러 가지 상황에 놓일 수 있습니다. 이러한 다양한 상황에서 어떻게 대처해야 하는지를 한 번에 많이, 그리고 빠르게 알려줄 수 있는 놀이가 있습니다. 바로 '매칭 게임'입니다. 쉽게 말하면 짝을 맞추는 게임이지요. 문장완성 놀이와 상황 짝 찾기, 원인 찾기 놀이 세 가지를 모두 통칭하고자 매칭 게임이라고 하였습니다. 그리고 이 두 놀이의 마지막에는 늘 역할극으로 연습해 보기를 꼭 추천합니다. 평소 아이가 자주 접하고 대처가 미숙한 부분으로 연습하면 좋겠지요?

문장완성 놀이는 문장 일부분을 비워두고 아이에게 알맞은 답을 찾게 하는 놀이입니다. 일반적인 문장완성 놀이와 다른 부분은 이 모든 문장이 사회성을 연습할 수 있는 문장으로 구성되어 있다는 것입니다. 답이 무엇일지를 고민하고, 부모님과 함께 아이가 말한 답이 적절한 답인지에 대해 다시 한번 이야기 나누면서 충분히 대처 방법을 연습할 수 있습니다. 135쪽에 소개된 문장으로 아이와 함께 이야기 나누어 보세요(단, 답은 미리 보지 않게 해주세요).

상황에 맞는 짝 찾기 놀이(부록 '또래유능성을 기르는 카드놀이' 참조)는 글 대신 상황을 보여주는 그림 카드와 문장 카드를 매칭하는 놀이입니다. 이 놀이는 이미 문장들이 나열되어 있기 때문에 아이가 스스로 생각해 내기 어려운 단계에 진행하면 좋습니다. 위의 문장완성 놀이보다 어린아이나 초보용으로 추천합니다.

원인 찾기 놀이(부록 '또래유능성을 기르는 카드놀이' 참조)는 결과 카드를 보고, 원인이 무엇인지를 추측해 보는 놀이입니다. 다양한 상황의 그림 카드가 제시되니, 이야기 상상 놀이와도 비슷하지만, 현실에서 가능한 보편적인 추측을 해야 합니다. '왜 이런 상황이 되었을까? 왜 친구가 화가 났을까? 왜 친구들끼리 가버리는 걸까?'를 다양하게 추측해 보는 것은 또래 관계에서 문제 해결을 하는 데에 큰 도움이 됩니다. 여러 입장이 있을 수도 있음을 이해해 보기도 하고, 일상 상황을 보편적으로 해석하도록 부모님이 도와줄 수도 있지요. 이 놀이를 해보면, 아이들은 자신이 겪은 일을 대입해서 이야기하는 경우가 많습니다. 주의할 것은 "그거 네가 겪은 일을 말하는 거니?", "네 이야기야?" 하고 물어보지 않는 것이 좋습니다. 그러면 흠칫 놀라 자유롭게 생각을 나누는 것을 멈출지도 몰라요.

친구에게 인정받는 아이가 앞서갑니다

또래유능성 문장완성 놀이

1. 친구가 내 물건을 허락 없이 가져갔을 때, 나는

   _____라고 말할 거예요.

2. 내가 하고 싶은 게임을 친구들이 하지 않으려고 할 때, 나는

   _____.

3. 친구가 나를 놀리면서 장난을 칠 때, 나는

   _____.

4. 친구가 내 도움이 필요할 때, 나는

   _____.

5. 내가 친구에게 잘못했을 때, 나는

   _____라고 말할 거예요.

6. 친구가 나를 놀이에 끼워주지 않을 때, 나는

   _____.

7. 친구가 내 의견을 무시할 때, 나는

   _____라고 말할 거예요.

8. 친구가 나를 속상하게 만들었을 때, 나는

   _____라고 할 거예요.

9. 친구가 내 그림을 보고 비웃을 때, 나는

   _____.

10. 내가 친구를 오해했을 때, 나는

_____라고 말할 거예요.

11. 친구가 나를 놀리면서 재미있다고 할 때, 나는

_____.

12. 친구가 내 책을 망가뜨렸을 때, 나는

_____라고 할 거예요.

13. 친구가 나를 계속 방해할 때, 나는

_____라고 말할 거예요.

14. 내가 친구의 도움을 받았을 때, 나는

_____라고 말할 거예요.

15. 친구가 나와 놀고 싶어 하지 않을 때, 나는

_____.

16. 친구가 내 비밀을 다른 친구들에게 말했을 때, 나는

_____라고 할 거예요.

17. 그만하라고 했는데도, 계속해서 같은 행동을 반복할 때, 나는

_____라고 할 거예요.

친구에게 인정받는 아이가 앞서갑니다

예시 답안

1. "그건 내 물건이야. 다음번엔 꼭 허락받고 사용해 줘."

2. 다른 게임을 함께할 수 있을지 제안해 본다.

3. 그만해 달라고 부탁한다. "그만 놀려. 나도 기분이 나빠."

4. 친구를 도와준다.

5. "미안해, 다음부터 조심할게."

6. 같이 놀고 싶다고 솔직하게 말한다.

7. 내 의견도 중요하다고 말한다.

8. "너의 행동 때문에 속상해."

9. "네가 그렇게 말하니 기분이 나빠."

10. "오해해서 미안해. 다시 이야기해 볼래?"

11. "너는 재미있을지 몰라도 나는 재미없어. 사과해 줘."

12. "책이 망가져서 속상해. 앞으로는 조심해 줘."

13. "나를 방해하지 말아 줘."

14. "도와줘서 고마워."

15. "왜 그러는지 궁금해."

16. "내 비밀을 말해서 속상했어. 다음에는 내 비밀을 지켜줬으면 좋겠어."

17. "그만하라고 지금 두 번째 이야기하는 중이야. 한 번 더 그러면 선생님께 알리겠어."

감정 다루기 연습:
자기 조절력을 기르는 놀이

쉬는 시간을 주도하는 보드게임 잘하는 아이

또래유능성이 높은 아이로 키우기 위해서는 자기조절을 가르쳐야 합니다. 자기조절을 잘한다는 말은 신체 조절과 더불어 감정조절을 잘할 수 있다는 말입니다. 대부분의 놀이는 자기조절을 해야만 이길 수 있습니다. 그래서 놀이를 통해 자기 조절력을 기를 수 있지요. 다만 부모님의 역할이 중요합니다. 많이 놀기만 했다고 자기 조절력도 높고 사회성이 높은 것은 아닙니다. 놀이터에서 거의 살다시피 하는 학생이라고 해서, 다들 사회성이 뛰어난 것은 아니니까요.

놀이로 좋은 교육효과를 얻기 위해서는, 부모의 적절한 가르침이 함께 들어가 주어야 합니다. 학생들도 조절력이 좋은 친구와 노는 것을 좋아합니다. 아이들이 함께 놀고 싶어 하는 친구들은 보통 가정에서도 많이 놀아본 아이들입니다. 쉬는 시간에 보드게임을 할 때도 마찬가지였습니다. 집에서 부모님과 그 보드게임을 해보아서 규칙을 잘 아는 아이가 주도적으로 놀이를 이끕니다. 아이들은 당연히 놀이를 잘 아는 친구에게 가서 새로운 놀이를 배우며 노는 것을 좋아합니다. 보드게임이 또래유능성을 높이는 데 도움이 된다는 점은 앞에서 소개했으니, 이번에는 다른 놀이를 소개해 보겠습니다.

신체 조절력을 기를 수 있는 놀이

먼저 신체 놀이입니다. 단순한 공던지기 놀이조차 신체 조절력을 높일 수 있습니다. 그래서 어떤 놀이를 할지 고민하기보다 일단은 아이와 놀아주는 것이 무조건 도움이 됩니다. 초등학교 저학년 교과서에는 여러 전통 놀이가 소개됩니다. 이러한 전통 놀이는 자기조절을 돕는 좋은 놀이입니다. '무궁화꽃이 피었습니다' 놀이를 생각해 봅시다. 이 놀이는 달려가다가 몸을 멈추어야 합니다. 술래가 '누구 움직이는 사람 없나?'를 관찰할 몇 초 동안 완벽히 정지해 있어야 하지요. 이런 놀이를 할 때 신체 조절력은 당연히 높아질 수밖에 없습니다. 또한 '비사치기'라는 놀이를 아시나요? 비사라는 납작한 돌조각을 몸에 얹어 옮겨가서는 목표물에 놓인 돌을 쳐서 쓰러뜨려야 하는 놀이입니다. 학교에서 아이들과 비사치기 놀이를 하면, 한 아이도 빠짐없이 조심조심 낑낑거리며 성공해 내려 애씁니다. 그러면서도 정말로 즐거워합니다. 비사치기는 집에 매트만 깔려 있으면 돌멩이가 아닌 블록으로도 아주 즐겁게 할 수 있습니다. 또한 세심한 조절력을 기를 수 있는 스릴 있는 놀이도 있습니다. 긴 휴지 위에 물컵을 올려놓고 휴지가 끊어지지 않을 때까지 당겨오는 놀이입니다.

| 집에서 간단히 할 수 있는 신체조절 놀이 | 비사치기 (블록으로 변형) | 1. 발등에 손바닥 크기 정도의 블록을 올립니다. 조심조심 걸어가서 발등에 있는 블록으로 목표지점의 블록을 쳐서 쓰러뜨립니다.
 2. 발등에 있던 블록을(무릎 사이, 배, 가슴, 어깨, 머리 위로 단계별로 높여가며 진행합니다.
 3. 가장 먼저 마지막 단계까지 성공한 사람이 이깁니다. |
| | 휴지가 끊어지기 전에 | 1. 두루마리 휴지를 준비합니다.
 2. 휴지의 첫 번째 칸에 물이 넘치기 직전인 종이컵을 올려놓습니다.
 3. 휴지의 반대쪽을 잡고 천천히 당깁니다.
 4. 종이컵을 가장 멀리까지 끌고간 사람이 이깁니다.
 * 특정 지점마다 보상을 놔두거나, 점수를 적어두면 더 재미있습니다(예: 한 칸 지점에는 껌, 두 칸 지점에는 과자 등). |

집에서 간단히 할 수 있는 신체조절 놀이	계란판 빙고	1. 30구 계란판과 탁구공 한 봉지를 준비합니다. 2. 계란판 앞 바닥에 탁구공을 한 번 튕겨 계란판에 넣습니다. 3. 가로, 세로, 대각선 빙고를 먼저 완성하는 사람이 이깁니다. * 대결 버전으로 두 가지 색의 탁구공을 사용하면 공격과 방어까지 할 수 있습니다.
	컵 쌓기 놀이	1. '스택 컵 쌓기' 등으로 검색하면 컵 쌓기 놀이 도구를 구할 수 있습니다. 또는 집에 있는 종이컵을 이용합니다. 2. 컵을 층층이 높이 쌓는 놀이입니다. 3. 스피드 스택 대결게임으로 할 수도 있고, 협동하여 높이 쌓을 수도 있습니다. 종이컵을 한 상자 산다면 키 높이만큼 커다랗게 쌓을 수 있습니다. 4. 컵을 세심하게 높이 쌓고, 시원하게 무너뜨리는 과정에서 조절력 향상과 스트레스 해소가 가능합니다.
	그 외	손 마주치기 놀이, 모래성을 지켜라, 균형잡기 놀이(폼 블록 또는 짐볼 활용), 도미노, 공기놀이 등

감정조절력을 기를 수 있는 놀이

신체와 마찬가지로 감정도 훈련으로 단련하여 감정 근육을 키울 수 있습니다. 실은 감정조절은 위의 놀이 과정에서도 단련할 수 있습니다. 마음처럼 잘 되지 않을 때 아이들이 보이는 여러 반응에,

감정조절법을 알려주며 가르칠 수 있지요. 아이들에게 구체적으로 나의 감정을 제대로 알 수 있게 해주는 놀이도 있습니다. 학교에서도 선생님들이 많이 제공하는 활동입니다.

먼저 감정 카드(143쪽 QR 참고)를 가지고, 감정과 관련된 여러 활동을 할 수 있습니다. 이러한 놀이를 통해 편하게 자신의 감정을 표현하고 배울 수 있습니다. 또한 이미지 카드를 감정과 연결시키는 놀이도 있습니다. 교육 현장에서 자주 사용하는 '이미지 프리즘 카드'(학토재)에는 감정 카드처럼 글이 쓰여 있지 않습니다. 대신 왜 그 사람이 이 카드를 골랐는지, 지금의 감정이 어떤 감정일 것 같은지를 맞춰보는 놀이를 할 수 있습니다.

따라 하기 놀이도 있습니다. 아동 정서를 치료하는 방법 중에 거울 치료라는 것이 있습니다. 옷매무새를 다듬을 때 거울이 없으면 바르게 고쳐 입기가 힘듭니다. 감정조절 또한 그렇습니다. 아이가 평소에 하는 행동을 거울처럼 보여주면서, 스스로의 모습을 바라볼 수 있도록 돕는 것입니다. 따라 하기 놀이에서는 가족끼리 평소 서로의 모습을 따라 하면서 이것이 누구를 따라 하는 것인지 퀴즈로 제시해 줍니다. 상대를 맞추면 "정답!"이라고 알려주고 모든 가족이 그 사람의 행동을 1분간 따라 하는 것입니다. 아이는 자기 모습을 타인의 눈으로 바라보며 '내가 저런 모습이라고?' 파악할 것입니다. 그리고 가족들 모두가 이내 자신의 행동과 표정을 그대로 따라 하는 것을 보고 신나 하지요.(143쪽 QR 참고)

집에서 간단히 할 수 있는 감정조절 놀이	감정 카드 놀이	방법 1. 감정카드를 무작위로 고른 후, 읽어봅니다. 〔감정단어에 대한 이해가 더 필요하면 부모님이 설명해주세요.〕 한 사람씩 돌아가면서 그 감정과 관련된 경험을 말하고 공감합니다. 방법 2. 내가 오늘 어떤 감정인지를 고르고, 왜 그런 감정인지를 설명합니다. 감정 달력에 매일 오늘의 감정카드를 골라 붙입니다. 〔매번 비슷한 감정카드를 골라 붙이는 경우가 있으므로, 지난 날짜의 감정카드는 그냥 두고, 남은 카드 중에 고르게 하는 것을 추천합니다.〕 〔QR 코드〕
	감정 맞추기 놀이	1. 술래는 감정카드를 하나 뽑은 후, 자신만 몰래 봅니다. 2. 그 카드의 감정을 표정으로 실감나게 표현합니다. 3. 나머지 사람들은 술래가 표현한 감정을 맞춥니다. 4. 맞춘 사람은 1점, 만약 사람들이 술래의 감정을 한번 만에 맞추면 술래도 1점을 얻습니다.
	이미지 카드 놀이	1. 술래가 나의 감정을 표현하는 그림 카드를 한 장 고릅니다. 예: 하늘 그림 2. 다른 사람들은 그림을 보고, 이 사람의 감정을 표현할 수 있는 단어를 맞춥니다. 예: 신난다, 시원하다, 후련하다, 자유롭다 등 3. 술래는 자신의 감정을 가장 잘 표현한 감정 단어를 고릅니다. 맞춘 사람은 1점을 얻습니다. 4. 술래는 왜 그 카드를 골랐는지 설명해 줍니다.
	거울 놀이	1. 술래는 함께 놀이하는 사람 중 한 명을 마음속으로 고르고, 평소 그 사람의 모습을 표현합니다. 행동, 말, 표정 모두 따라 합니다. 2. 나머지 사람은 술래가 표현한 사람을 추측해서 맞춥니다. 3. 술래가 답을 맞힌 사람을 알려주면, 모두 1분간 술래가 표현한 사람의 현재 모습을 거울처럼 따라 합니다. 〔QR 코드〕

이들 놀이는 신체와 감정을 함께 훈련시킬 수 있는 좋은 교육입니다. 놀이를 하면서 보이는 부모의 모습은, 아이에게 또한 커다란 교육이 됩니다. 아이가 놀이할 때 이런 모습이었으면 좋겠다는 모습을 부모님이 보여주세요. 그러면 아이도 긍정적인 놀이 태도를 자연스럽게 배웁니다. 아이와 놀아줄 시간은 그리 길지 않습니다. 놀아주고, 보여주세요. 그러면 우리 아이는 또래유능성이 높은 아이로 자라, 멋지게 살아갈 수 있습니다.

놀이하다가 감정조절을 잘 못하는 아이에게

1. 게임은 게임일 뿐이다. 이기는 것보다 즐겁게 하는 것이 중요하다는 것을 알려주세요.

2. 감정이 격해졌을 때는, 심호흡하게 합니다. 부모님이 앞에서 같이 해주세요. 들숨을 4초, 날숨을 4초 동안 쉬기를 아이가 차분해질 때까지 반복합니다.

3. 아이가 화낼 때는 같이 화내지 말고, 부드러운 목소리로 안아주세요. 그리고 차분해지면 아이의 잘못된 행동을 짚어주어야 합니다.

4. 1~3번으로도 잘 조절이 되지 않고, 매번 감정이 너무 과할 때는 전문가 개입이 필요한 경우입니다.

* 또래 사회에서 진정한 승자는 게임에서 이기는 아이가 아닙니다. 친구가 이겼을 때 축하해 줄 수 있는 아이라는 사실을 기억해 주세요.

타인의 말 잘 듣기 연습
: 퀴즈 놀이

경청을 잘하는 아이가 인기있습니다

또래에게 사랑받는 아이들은 친구들의 이야기를 잘 들어준다는 특징이 있습니다. 친구들도 내 말에 귀 기울여주는 친구를 좋아하지만, 선생님도 마찬가지입니다. 수업을 집중해서 잘 들어주는 학생들은 정말 예쁘지요. 그런데 해가 갈수록 집중력이 약한 학생들이 많아집니다.

한때는 이렇게 애써서 수업을 하고 있는데 집중을 못하는 학생들을 보면, 어떻게든 집중시키려 해보았으나 이제는 강요할 수가

친구에게 인정받는 아이가 앞서갑니다

없는 분위기입니다. 얼마 전 한 기숙학교에서 아침 운동을 시켰다가 아동학대로 고소당했다는 기사가 보도되었습니다. 아이가 하고 싶지 않은 것을 함부로 시킬 수 없는 교육 분위기가 만들어진 만큼, 더욱 학생들 스스로 의지를 가지고 집중하는 것이 중요합니다.

선생님이 수업에 집중하는 학생을 인정하는 것에는 또 다른 이유가 있습니다. 보통 이런 학생들은 수업 외에도 전반적인 태도가 좋습니다. 수업을 집중해서 들으니, 선생님께 칭찬받고, 열심히 들었으니 수업 중 과제도 잘 해결합니다. 모르는 것도 적극적으로 물어보지요. 친구들 입장에서도 선생님께 칭찬받고, 발표도 잘하고, 뭐든 잘 해내는 친구가 멋져 보입니다. 이런 학생은 친구도 잘 도와줍니다. 스스로 할 수 없는 친구를 도와주고, 친구들도 그 친구에게 의지합니다. 이런 학생은 당연히 친구들의 이야기도 잘 들어줍니다. 교우관계에서는 친구의 이야기를 잘 들어야 그다음 단계의 커뮤니케이션이 이루어집니다. 이야기를 잘 들어야, 친구의 감정을 파악하고, 공감하고, 그에 따라 행동하고, 의견을 조율하는 등의 소통을 할 수 있습니다.

또래 관계가 힘든 아이들의 특징 두 가지

또래 관계를 힘들어하는 학생들을 보면 크게 두 가지 부류로 나뉩니다. 첫 번째 부류는 남의 이야기를 잘 듣지 않고 자신의 감정과 주장만을 중요시하고 내세웁니다. 두 번째 부류는 타인의 현재 감정을 잘 파악하지 못하여 어긋난 행동을 하거나 소통이 미숙하여 친구의 마음을 상하게 합니다. 친구의 마음을 상하게 하지 않더라도, 친구로 하여금 마음이 잘 안 통한다고 느끼게 합니다. 우리 아이가 가족들과 어떻게 소통하는지 한번 관찰해 보세요. 부모님과 진지한 대화가 되는지, 자기 말만 하진 않는지 말입니다. 물론 집에서의 모습과 친구들과의 모습이 다른 아이들도 있습니다. 하지만 아직은 초등학교 저학년 이내의 어린아이들이라 비슷한 모습을 많이 보일 것입니다. 혹시 무언가에 빠져 엄마가 하는 소리를 잘 못 듣는 아이는, 학교에서도 그럴 수 있습니다. 학교에서 선생님은 아이들의 이름을 불러가며, 한 아이와만 눈 마주치고 이야기할 수 없습니다. 전체 학생을 대상으로 설명할 수밖에 없지요. 만약에 이름을 부르고, 여러 번 집중을 시켜야만 이야기를 듣게 할 수 있다면 좀 더 경청하는 연습이 필요합니다.

경청 습관을 기를 수 있는 놀이

저학년 담임을 할 때 놀이 중심 교육과정의 영향으로 많은 놀이를 했습니다. 그중에서도 타인의 말을 잘 듣기 위한 놀이를 소개합니다. 보통 말로 하는 놀이라서 퀴즈 형식이 많습니다. 초등학생이라면 학교에서 해보았다고 하는 아이들도 있을 것입니다. 집에서 놀 듯이 한번 재미있게 해보세요.

경청하는 자세를 연습할 수 있는 놀이	
가라사대 놀이	1. 술래가 지시한 행동을 합니다. 단, "가라사대"라는 말을 앞에 붙였을 때만 행동합니다. 2. "가라사대 오른손 들어." 하면 오른손을 듭니다. "오른손 들어."라고 할 때는 오른손을 들면 안 됩니다. "가라사대"라는 말을 앞에 붙이지 않았기 때문입니다. 3. 단순해 보이지만, 여러 번 반복하면 '가라사대'에 집중하는 힘이 약해져 실수하는 사람이 많이 나옵니다. 끝까지 잘 듣고 집중해야 하는 놀이입니다.
책 보물찾기	1. 책을 한 권 고릅니다. 2. 술래가 하는 말을 잘 듣고 책에서 술래가 말한 것을 찾아내야 합니다(술래의 말이 다 끝나기 전에는 책을 볼 수 없습니다). 여러 명이 할 때는 똑같은 책이 여러 권 있으면 좋습니다. 책이 한 권이라면 술래 한 명에, 나머지는 돌아가면서 정답을 맞추면 좋습니다. 3. 술래는 문제의 난도를 점점 어렵게 해 나갑니다. 예) 1단계: "128쪽에 있는 '빨간 새' 한 마리를 찾아." 2단계: "33쪽에 위에서 세 번째 줄에 있는 '감자'라는 단어를 찾아." 3단계: "12쪽 바로 앞 장을 펼쳐서 나무 옆에 있는 '토끼'를 찾아." 4단계: "맨 마지막 장이 아닌, 맨 앞장 아래에서 일곱 번째 줄에 있는 '했습니다.'를 찾아." * 각 단계는 한 번만 하고 넘어가지 않고 여러 번 반복해도 좋습니다. 어른들이 보기에는 너무 쉬운 퀴즈같지만, 아이들은 의외로 2단계에서부터도, "네? 감자라고 한 거 맞아요?", "네? 몇 번째 줄이라고 했어요?" 등의 질문을 많이 합니다. 반에서 해보면 절반 정도의 학생이 2단계에서 탈락합니다.

책 퀴즈 맞추기	1. 이 놀이는 독후활동으로도 할 수 있습니다. 2. 부모님과 책을 한 권 함께 읽고 퀴즈를 내는 놀이입니다. 3. 보통은 부모님이 퀴즈를 내지만, 아이에게 퀴즈를 내는 역할을 번갈아 가며 주어도 좋습니다. 퀴즈를 내기 위해 더 집중해서 읽기도 합니다. 4. 책 내용을 퀴즈로 내다가, 너무 쉽게 느껴지면 책의 난도를 올립니다. 5. 긴 글 책이나, 아이가 지루해할 만한 책을 일부분 읽고, 읽은 부분에서 퀴즈를 냅니다. 이때 아이에게 "단계를 올려볼까? 엇, 그런데 이 책은 좀 어렵겠는데? 이건 정말 어려워서 아무나 못할 거야. 네 나이에는 정말 어렵다~"라고 말하며 도전의식을 자극하면 더 열심히 할 거예요.
경청 역할극	1. 말하는 사람과, 듣는 사람의 역할을 한 명씩 정합니다(일대일로 짝을 맞추어야 합니다. 만약 세 명이라면 말하는 사람 한 명, 듣는 사람 두 명이어도 좋습니다). 2. 말하는 사람은 주제에 맞게 자신의 이야기를 합니다(어제 있었던 일, 주말에 재밌었던 일, 요즘 고민, 재미있는 이야기 등). 3. 듣는 역할을 맡은 사람은 최선을 다해서 듣지 않는 연기를 합니다. 딴청을 피우거나 집중을 못하는 모습을 보여주세요. 4. 말하는 사람 역할을 한 아이에게, "네가 말하는 데 듣지 않는 모습을 보니 어땠니?"라고 물어봅니다. 5. 경청의 중요성을 느끼게 해주는 놀이입니다. 세 명이라면 한 명은 고민을 말하는 사람, 한 명은 잘 들어주는 사람, 한 명은 안 듣는 사람의 역할로 나누어 다시 해봐도 좋습니다. 어떤 사람에게 더 마음과 눈이 가는지를 물어보고 느끼게 할 수 있습니다.
사운드퀴즈쇼	1. 보드게임의 일종인 사운드퀴즈쇼입니다. 인터넷에 검색하면 쉽게 구할 수 있습니다. 2. 사운드퀴즈쇼는 문제를 잘 듣고 맞추어 점수를 얻어야 하는 놀이입니다. 3. 이 놀이를 할 때는 모두 잘 듣고 싶어서 귀를 쫑긋 세웁니다. 찰나라도 놓치면 점수를 얻지 못하기 때문입니다. 4. 생각보다 단순하지만, 굉장히 재미있게 할 수 있는 놀이입니다.(124쪽 이미지 참조)

친구에게 인정받는 아이가 앞서갑니다

선생님이 기억하는 멋진 아이 4

친구들에게 말을 정말 예쁘게 하던 2학년 학생이 있었습니다. 하루는 마음이 여린 친구가 발표회 때 실수를 해서 친구들 앞에서 울고 있는데, 이 학생이 "괜찮아, ○○아. 해낼 수 있어! 천천히 다시해 봐." 하고 소리 높여 응원하는 것이 아니겠어요? 이 학생의 말을 시작으로 다른 친구들도 "맞아, 부끄러워하지 않아도 돼. 잘할 수 있어!" 하고 함께 응원하기 시작했습니다. 그 학생은 늘 친구들을 향해 "우와, 멋지다, 최고야! 대단해!"와 같은 응원의 말을 서슴없이 했기 때문에 친구들도 모두 좋아했어요. 이 학생의 따뜻한 응원의 목소리로 인해, 친구들 앞에서 울기만 했던 날로 기억될 뻔했던 친구의 발표회 날이 모두에게 뜨거운 격려를 받은 따뜻한 추억이 될 수 있었답니다.

-16년차 초등교사 저자의 이야기

다가가는 연습:
놀이터에서 사회성 배우기

놀이터에서 사회성을 연습시켜 주세요

아이들의 놀이 능력이 꽃피는 곳. 바로 놀이터입니다. 우리가 어릴 때도 그랬고, 지금도 마찬가지입니다. 달라진 것이 있다면 이제는 아이들이 놀이터에 머물 시간이 확연히 줄어들었다는 것입니다. 《인성교육의 기적》(2016)이라는 책의 저자인 래리 해리스(Larry Harris)는, 지적교육에 앞서 인성교육이 가장 중요하다고 말합니다. 가난 속에서도 9남매를 명문대 석·박사로 키운 부모님의 인성교육을 책에서 소개하지요. 이처럼 인성교육을 시키면 공부는 자연스럽게 따라옵니다. 바른 인성을 교육받은 아이는 자신이 해야 할 것이 무엇인지 알고 스스로 실천할 수 있기 때문이지요. 아이가 잘되기를 바라는 모든 부모가 인성교육을 가장 우선으로 해야 하는 이유입니다. 인성교육을 잘 받은 아이들은 또래유능성이 높습니다. 어린 아이들도 누가 좋은 친구인지 판단할 수 있습니다. 인성이 좋은 친구에게 친구들이 모이는 것은 당연한 일입니다. 이 책에서 계속해서 말하고 있는 또래유능성은 인성교육과 일맥상통합니다.

또래유능성을 어릴 때부터 자연스레 바로잡아 주기 위해서는 또래들과 어울리는 경험이 필요합니다. 친구를 사귀게 하려고 매일 놀이터에 나가 엄마들 사이에서 어울리기 위해 애쓸 필요까지는 없습니다. 엄마가 맺어주는 관계가 아닌, 스스로 관계를 맺어보는 경험이 필요한 것이니까요. 초등학교 때부터는 아이들이 엄마와 함께 놀이터에 나가지 않아도 되는 시기입니다. 집 앞 놀이터 정도는 혼자 놀다가 올 수 있습니다. 그렇게 되면 엄마에게도 잠시간의 휴식이 생기니 일석이조이지요. 다만 이렇게 보내고도 엄마가 마음 편히 쉴 수 있으려면, 엄마와 함께 놀이터를 나가는 시기에 아이가 친구들에게 어떻게 다가가고 어떻게 어울리는지 관찰하고 조언해 주어야 합니다. 그렇다고 너무 사사건건 조언하거나 계속 밀착해서 따라다니며 엄마가 대신 말을 해주는 모양새가 되어선 안 됩니다. 한걸음 떨어져 지켜보고, 이 정도에서 개입해야겠다 싶을 때 조언해 주면 됩니다.

유아 때는 당연히 다른 사람과 어울리는 것이 미숙합니다. 그리고 그때는 같이 노는 것 같아도 사실 유의미한 교류를 하지는 않는 시기입니다. 만 3~5세, 한국 나이로 5~7세 유치원생 나이가 되면 드디어 협동 놀이를 할 수 있고 타인의 감정을 고려할 수 있는 나이가 됩니다. 이때부터 천천히 친구들에게 다가가 보고 어울려 보는 연습을 시킬 수 있습니다.

놀이터에서 친구들과 어울리는 모습을 가만히 두고 보면 아이의 기질에 따라서 차이가 납니다.

1. 먼저 말을 걸며 다가가는 유형
2. 친구들을 바라보기만 하고 다가가지 않는 유형
3. 혼자서 노는 것을 더 좋아하는 유형

아이들을 그냥 두고 보면 조금씩이라도 서로 교류합니다. 먼저 다가가는 유형들이 교류를 시작하기 때문입니다. 어떤 기질이든 놀이터에서 친구들과 어울려 보는 경험은 필요합니다. 먼저 다가가는 유형들은 어떻게 다가가야 친구들이 거부하지 않고 쉽게 받아주는지를 시험합니다. 물론 자신들은 이것이 시험이나 연습이라고 생각하지 않지요. 그저 친구와 어울리고 싶어서 다가가는 것이지만, 이

과정에서 아이에게 직관교육*이 이루어집니다. 친구들에게 먼저 다가가지 않는 유형의 아동도 누군가 자신에게 다가오는 것을 경험하며, '나도 놀고 싶을 때는 저런 식으로 하면 되겠구나.'를 배웁니다. 또는 다가오는 친구 중 어떤 친구와 노니까 더 재미있고 안전했는지를 경험하며 판단력이 길러집니다. 혼자 노는 유형 또한 걱정할 필요는 없습니다. 친구와 노는 것이 더 재미있는지, 혼자 노는 것이 더 재미있는지는 경험을 통해 길러지는 것입니다. 지금 혼자 노는 것이 더 편하고 재미있다고 느끼면 그렇게 두어도 괜찮습니다. 혼자도 놀아보고 같이도 놀아보며 자신이 원하는 방향을 찾아갈 것입니다.

엄마는 그저 아이가 노는 것을 바라보다가, 위험하게 놀거나 친구 관계에 해서는 안 될 행동을 할 때, 어떻게 해야 할지 방법을 몰라 도움이 필요할 때 다가가 주면 됩니다. 너무 과하게 개입하면 나중에는 아이가, "엄마 됐어. 저리 가."라고 엄마의 개입을 거부하거나, 반대로 지나치게 엄마에게 매달리는 아이가 될 수 있습니다. 우리의 목표는 엄마가 없는 상황에서도 아이 혼자 또래 관계를 잘 맺도록 도와주는 것입니다.

---

* 실생활에서 경험하며 깨닫는 과정에서 자연스레 직관이 길러지는 교육(121쪽에서 설명한) 개념입니다.

놀이터에서 우리 아이 이렇게 도와주세요

놀이터에서 또래와 놀 때 엄마의 도움이 필요한 상황은 다음과 같습니다.

1. 놀고 싶은데 다가가지 못할 때

며칠은 아이가 어떤 결심을 하는지 그냥 지켜봅니다. 집에 와서 아이에게 "혹시 친구들과 어울리고 싶은데 어떻게 해야 할지 모르겠니?"라고 물어보고 대화를 나눕니다. 여기서 조언해 줄 수 있는 답은 첫째, "다른 친구들은 어떻게 첫마디를 시작하는지 관찰해 봐."와 같이 말해주는 것이고 둘째, 엄마가 직접 방법을 알려주는 것입니다. 동화책 등의 도움도 좋습니다.(164쪽 참고)

2. 또래에게 너무 과하게 다가갈 때

아이가 집착으로 보일 정도로 타인에게 다가갈 때는, 확률상 거부당하는 경험이 많아집니다. 이때 엄마의 마음은 아프겠지만, 일단 두고 보세요. 엄마가 개입하여 우리 아이랑 놀아달라고 부탁하거나 간식을 잔뜩 싸가서 친구를 만들어 주려고 하지 마세요. 아이 스스로 친구가 나와 놀아줄 마음이 없을 때나, 상황이 안될 때 다가가면 결과가 좋지 않다는 것을 깨달아야 합니다. 개입하는 대신, 아이에게 이렇게 말해주세

친구에게 인정받는 아이가 앞서갑니다

요. "친구들이 싫다고 할 때 너무 다가가는 것은 좋지 않아. 그러면 친구들도 불편해해. 너와 놀고 싶어 하는 친구가 있는지 천천히 살펴보고 다가가 봐." 아이가 판단하지 못할 때는 엄마가 조언해 줘도 좋습니다. "저기 있는 친구는, 혼자서 놀고 있는데 저 친구에게 다가가 보는 건 어때?"

3. 또래에게 거부당해서 속상해할 때

아이에게 이럴 때도 있고 저럴 때도 있으니, 별일 아니라고 다독여 주세요. 실제로 이 나이의 아이들은 엄마 눈에는 상처받아 보이지만, 금방 잊어버립니다. 엄마가 아이보다 더 상처받고 초조해하지요. 아이에게 차분하게 말해주세요. "너도 이 중에 같이 놀고 싶은 친구와 그렇지 않은 친구가 있지? 다른 친구들도 똑같아. 어떤 친구는 너와 맞지 않다고 느낄 수도 있는 거야.", "네가 떡볶이보다 피자를 더 좋아하는 것처럼, 친구들도 그럴 수 있어. 당연한 일이야." 이렇게 말해주면 아이는 위축되지 않고 다시금 친구에게 용기 있게 다가갈 수 있습니다. 그런 날은 마음껏 칭찬해 주세요. 성공 경험을 각인시킬 수 있습니다.

4. 또래에게 너무 휘둘리기만 하고 부당한 대우를 받을 때

싫은 것은 싫다고 표현해야 하는 것이라고 가르쳐 주세요. 그리고 며칠은 그냥 두고 봐도 됩니다. 그럼에도 불구하고 계속 그 친구와 놀고 싶을 수도 있습니다. 대화를 나누어 보고 아이도 더 이상 그 아이와 놀고 싶지 않아 한다면 당분간 놀이터 대신 집에서 엄마와 재미있는 놀이를 하며 보내게 해 주세요. 다음에 다시 놀이터에 나가 다른 친구를 탐색하고 어울리거나 놀이 장소를 바꾸어 주는 것이 나은 방법입니다.

5. 또래에게 공격적인 말과 행동을 보일 때

공격적이라는 것은 비단 때리는 행동만을 말하는 것이 아닙니다. 너무 거친 말을 하거나, 상처 주는 말을 스스럼없이 하는 것, 장난을 가장한 과격한 행동 등 넓은 범위로 생각해야 합니다. 이런 행동은 즉각적으로 수정해 주지 않으면 커갈수록 고치기 힘듭니다. 아이가 친구들에게 공격적으로 대할 때는 바로 개입해야 합니다. "오늘은 더 놀 수 없겠구나. 집으로 가자." 하고 아이의 놀이를 중단시킨 후, 잘못된 행동에 관해 설명하고 고쳐주어야 합니다. 친구에게 사과하도록 한 후, 그날은 집으로 바로 데리고 가세요. 그런 모습을 보이면 친구들뿐 아니라, 지켜보던 다른 엄마들에게도 신뢰를 줄 수 있습니다.

아이들이 친구의 감정을 눈치채고, 적절하게 반응하고, 소통하는 모든 것은 이렇게 스스로 어울리는 경험이 쌓이면서 길러집니다. 그리고 부모의 적절한 조언이 있다면 아이는 덜 헤매고 빨리 배울 수 있지요. 그렇게 또래유능성이 키워지면, 진정한 또래 관계의 시작인 초등학교 시절부터는 스스로 잘해 나갈 수 있을 것입니다. 만약 유치원생 시절에 이런 연습을 하지 못했다면 초등학생이어도 엄마가 함께 나가 지켜보며 괜찮은지 봐주는 것이 좋습니다. 더 늦지 않게 말입니다.

아이들을 놀이터로 돌려보내 주세요. 이 시대의 아이들에게 정말 필요한 것은 학원보다, 타인과의 소통교육입니다.

친구에게 다가가는 방법

사회관계 형성이론*을 바탕으로 다음과 같이 다가갈 수 있습니다.

근접이론	이웃에 살거나, 옆자리에 앉거나, 같은 학원에 다니는 등 접근에 의한 상호작용 기회가 증가할수록 호감도가 높다.	"너 어디 살아?" "어, 그 학원 가방 내 거랑 같네?"
유사성이론	비슷한 사람에게 매력을 느낀다(성격, 태도, 능력, 취미 등).	"나도 그거 좋아하는데." "너랑 나랑 비슷하다."
지위성이론	자신보다 높은 지위나 조건, 능력을 가진 사람에게 매력을 느낀다.	"너 몇 살이야?"
호혜성이론	내게 도움이 되는 사람을 선호하는 경향을 말한다.	"내가 도와줄까?"

---

* 실생활에서 경험하며 깨닫는 과정에서 자연스레 직관이 길러지는 교육(121쪽에서 설명한) 개념입니다.

타인 공감 연습:
독서로 놀이처럼 재미있게

타인의 신호를 보편적으로 해석할 줄 알아야 합니다

　정서지능이 높은 사람들이 성공한다고들 합니다. 대니얼 골먼 (Daniel Goleman) 박사는 정서지능이 높은 사람들은 사회적 관계에 서 상황을 잘 파악하는 특징이 있다고 했습니다.(1995) 이러한 사람 은 자신의 감정뿐 아니라 타인의 감정을 잘 파악하여 대처도 잘할 수 있습니다. 또래유능성이 높은 아이들이 가진 큰 장점도 바로 타 인의 감정을 잘 알아차린다는 것입니다. 사람은 누구나 자신의 마

친구에게 인정받는 아이가 앞서갑니다

음을 잘 알아주는 동료를 필요로 합니다. 행복을 나누면 배가 되고, 슬픔을 나누면 반이 된다는 말은 어린이의 세계에도 그대로 적용됩니다.

또래유능성이 낮은 아이들은 보통 타인의 신호를 잘 해석해 내지 못해서 위축됩니다. 또래유능성이 높은 아이들은 친구들의 신호를 보편적으로 해석하고, 주관적으로 왜곡하지 않습니다. 이해되지 않는 신호가 있다면 현명하게 물어볼 수도 있습니다.

또래 관계에서 꼭 필요한 공감 능력은 연습으로도 기를 수 있습니다. 기질적으로 타인에게 관심이 적거나 공감 능력이 낮은 아이들도 있습니다. TCI기질검사에서 사회적 민감성이 낮게 나오는 아이들이 여기에 속합니다. 이런 아이들도 연습으로 공감 능력과 사회성을 끌어올릴 수 있지요. '아스퍼거증후군'을 가진 사람들은 사회적 공감 능력이 떨어져 대인관계를 힘들어합니다. 간혹 남들의 감정을 파악하지 못해서, 타인이 힘들어하는 상황에서 혼자 웃기도 합니다. 그런데 이러한 아스퍼거증후군이 있는 사람들도 감정적 단서를 읽는 방법을 훈련시키면 사회적으로 어색한 상황을 덜 만들 수 있게 도와줄 수 있다고 합니다. 그렇다고 아이에게 공감 능력을 길러주기 위해 주입식으로 훈련이나 잔소리를 한다면 더욱 관계에 어려움을 느끼겠지요. 이번에는 책 놀이를 통해 자연스럽게 공감 능력을 키우는 방법을 소개하려 합니다.

또래유능성을 높일 수 있는 손쉬운 도구, 책

아이들의 공감 능력과 이해력을 높이는 가장 좋은 방법은 독서교육입니다. 책 속에서는 수많은 간접경험을 할 수 있습니다. 부모와 아이가 눈을 맞추고 이런저런 이야기도 자연스럽게 많이 나눌 수 있지요. 또래유능성이 높고 친구 관계를 잘 관리한다는 것은 공감 능력, 이해력, 문제해결력, 판단력, 분별력 등의 능력이 모두 요구되는 일입니다. 이 많은 능력을 한 번에 키워줄 수 있는 도구가 바로 책입니다. 아주 오래전부터 독서교육이 늘 강조되어 온 이유가 여기에 있습니다.

책 읽어주기는 엄마들에게 숙제 같은 일이기도 합니다. 워킹맘의 경우에는 따로 시간을 내어 책을 읽어주기가 힘이 들지요. 그래서 저는 자기 전에 책 읽어주기를 추천합니다. 아이 재우기 역시 숙제 같은 일이니, 책 읽기를 통해 재우는 것과 교육을 동시에 할 수 있습니다. 엄마의 목소리와 함께하는 이 시간은 아이들의 정서적 안정감에도 도움이 되지요. 보통 잠자리 독서를 하게 되면 재우는 것에 초점이 맞춰지기 때문에 토론은 하지 않는 경우가 많습니다. 그렇지만 독서를 통해 아이에게 꼭 가르치고 싶은 것이 있다면 두런두런 이야기하는 시간도 놓치지 않는 것이 좋습니다. 만약 잠자는 시간에 이야기를 해서 아이가 너무 자지 않으려고 한다거나 잠이 오히려 깨는 것 같다면 책 이야기 시간은 낮으로 바꾸어도 됩니다. 저는 낮 시간에는 따로 시간을 빼서 책을 읽어주기 버거워 자기 전에 책을 읽어주며 한두 개 질문을 나눕니다. 그리고 책을 어느 정도 읽어주고 나면 아이들이 잠들지 않아도, "잘자."라고 인사하고 방을 나옵니다. 스스로 잠에 들 수 있도록 말입니다. 아직 분리 수면 교육이 안된 아이들에게는 이른 방법일 수도 있지만, 초등학교에 입학한 아이들에게는 충분히 가능합니다. 책을 읽다가 중간에 중단하고 나오는 날에는, 아이 혼자 침대 등을 켜고 책을 조금 더 읽다가 잠들기도 합니다. 엄마와 나누던 이야기를 더 생각해 보다가 잠들기도 하겠지요. 저는 목이 아프다는 핑계를 대고 너무 긴 책은 중간에 중단하고 나옵니다. 이렇게 하면 엄마도 덜 힘이 들고, 아이는 뒷이야기가 궁금해서 책을 흥미롭게 느끼게 됩니다. 아이가 책도 좋아할 수 있고, 공감 능력도 키우는 일석이조의 방법이지요. 공감 능력을 키울 수 있는 독서 놀이를 몇 가지 소개하고, 또래유능성을 키우는 데에 좋은 책 몇 권도 함께 소개하겠습니다.

독서 공감 놀이

뒷 내용 예상하기	1. 이야기책을 읽어주다가, 엄마가 의도하는 부분에서 읽어주기를 멈춥니다. 2. 결과를 예상해 보게 합니다. 3. 뒷 내용을 계속해서 읽어줍니다. 4. 예상한 것과 결과가 같은지 다른지 비교해 보고 이에 관해 이야기를 나눕니다. * 친구와의 갈등 상황을 담은 책을 읽어주며, 뒤 내용을 예상해 보게 해도 좋습니다. * 위인전을 읽으며 뒷 내용을 예상하는 것 또한 문제해결력이나 전반적인 통찰력을 키울 수 있는 방식입니다.
책 속 그림 읽기	1. 책 읽기 전 표지의 그림을 먼저 봅니다. 2. "기분이 어때 보여?", "어쩌다 기분이 안 좋아졌을까?"와 같은 질문으로 책 내용을 예상해 봅니다. 3. 책에 따라 자유로운 상상을 위해서 제목을 가리는 것도 좋습니다. 아무 단서 없이 그림만 보여주었을 때는 자신의 이야기를 하는 경우도 있습니다. 그럴 때 너무 파고들거나 크게 반응하지 말고 상상의 이야기를 들어주듯이 담담하게 반응해 주세요. 4. 그림 속 사람들의 표정을 보고, 감정을 파악하는 연습이 되도록 자주 해주면 좋습니다.
그림 속 관계 파악하기	1. 한 단계 나아가, 책 속 그림을 보여줍니다. 이때 글을 가리면 더 자유로운 상상이 가능합니다. 2. "이 둘은 뭘 하고 있는 것 같아?", "기분이 어때 보여?", "비슷한 경험이 있었니?" 등의 질문으로 이야기 나눕니다. 3. 아이가 답을 맞혔는지 퀴즈처럼 흥미롭게 읽어줍니다. 4. "너라면 어떻게 했을 것 같아?"와 같이 아이의 반응을 유도해 주세요. 엄마라면 어떻게 했을 것 같은지도 같이 이야기해 주세요. 노는 것처럼 이야기 나누지만 엄마의 방법을 듣고 배우는 바가 있을 것입니다.

역할극 하기	1. 이야기를 읽고 역할극을 하며 아이가 행동을 선택하도록 해봅니다. 2. 역할극이라고 소개했지만, 아이의 성향에 따라 만들기를 좋아하는 아이라면 인형극으로, 영상을 좋아하면 유튜브처럼 촬영하여 연기해 봐도 좋습니다. 3. 엄마가 상대역이 되어 반응해 주세요. 한 번씩 예상치 못한 반응을 해서 아이를 당황하게 하는 것도 재미있어 합니다. 그러면 아이도 어떤 행동을 선택할지 한 번 더 생각해 볼 수 있지요.
나만의 책 만들기	1. 한 권의 책을 읽은 후, 나만의 방식으로 비슷한 내용의 책을 만드는 활동을 합니다. 2. 글쓰기를 좋아하는 아이는 글로, 그림을 좋아하는 아이는 만화로도 가능합니다. 쓰는 것 대신 말하기를 좋아하는 아이는 이야기로 해 달라고 요청해도 됩니다. 그날은 엄마 대신 아이가 이야기꾼이 되는 날이지요. 3. 아이는 책을 만들면서 타인의 반응도 예상하고, 그에 따른 행동도 선택하는 등, 사회적 관계 능력을 높일 수 있습니다.

또래유능성에 도움이 되는 책

각종 출판사의 '인성 동화' 책은 좋은 내용이 많기에 대부분 추천합니다. 그중에서 초등학교 저학년 아이들에게 추천할 만한 책들을 일부 소개하겠습니다.

《참 이상하다(1, 2, 3)》세트 • 《내가 이상해?》, • 《난 터프해》, • 《내가 어떻게!》 에린 프랭클 글, 파울라 히피 그림	미국 청소년 심리 상담사들이 추천하는 어린이 따돌림 예방 그림책이라고 소개되어 있는 이 책은, 초등 저학년이 읽으면 좋습니다. 학교생활에서 흔히 일어날 수 있는 친구 관계를 동화로 풀어냅니다. 이 책이 좋은 점은, 각 권이 세 명의 시점으로 같은 상황을 바라본다는 점입니다. 아이들이라면 한 번쯤 세 명 중 어느 입장에서도 있어 보았을 것입니다. 생각해 볼 내용이 많은 좋은 책입니다.
좋은책어린이 저학년문고 세트	학교에서 일어나는 일들이 담긴 책입니다. 친구들 사이에서 일어나는 일이 많이 담겨서 집에서 부모님과 함께 읽으면서 이야기 나눌 수 있는 부분이 많습니다. 놀리는 내용이 많이 나오니, 이런 말은 쓰지 말라고 주의시키면서 넘어가는 것이 좋겠습니다.

'인성을 부탁해' 시리즈 중 《넌 괜찮은 줄 알았어》 윤지연 글, 김현주 그림	친구들의 기분을 상하게 하지 않으려고 자신의 감정은 누르고, 맞춰주는, 거절하지 못하는 아이의 이야기입니다. 용기를 내 처음으로 화내보았는데 의외로 친구들은 화내지 않았다는 반전을 보여주며 아이들에게 안심과 용기를 줍니다.
《배려하면서도 할 말은 하는 친구가 되고 싶어》 김정 글, 뜬금 그림	초등학교 선생님이 아이들을 위해 낸 책입니다. 이야기책이라기보다는 친구 관계를 위한 지침서 같은 책입니다. 필요한 부분만 발췌해서 읽어볼 수도 있어서 좋은 책입니다.
《문제없어! 학교생활》 가지쓰카 미호 글, 쓰보이 히로키 그림	일본 작가가 쓴 책을 옮겨온 책이지만, 유용한 내용이 많습니다. 이 책은 이야기책이라기보다는 만화처럼 구성이 되어 읽어주는 것보다는 아이가 혼자 읽어 보기에 더 좋습니다. 필요한 부분은 함께 보면서 이야기 나누어도 좋습니다.
《사고뭉치 하워드는 귀만 크대요》 하워드 빈코우 글, 수잔 코넬리슨 그림	경청의 중요함을 이야기로 풀어냅니다. 친구의 이야기는 잘 듣지 않고 장난만 치는 토끼 이야기로, 잘 듣는 것이 중요하다는 내용을 담고 있지요.

친구에게 인정받는 아이가 앞서갑니다

선 지키기 연습:
놀이 중 훈육이 필요할 때

함께 정한 규칙으로 조절력을 키워주세요

놀이를 하다 보면 문제상황이 발생하곤 합니다. 아이와 즐거운 시간을 보내려고 마음을 먹었는데, 예상치 못한 분위기로 흘러가면 부모도 사람인지라 마음이 상합니다. 놀이에서 졌다고 짜증을 내거나, 자기주장만 내세우며 억울해하는 아이에게 어떻게 해주어야 할까요? 아이와 같이 감정적으로 "너랑 다시는 안 해!"라고 대응하거나, 일장 연설을 늘어놓을 필요는 없습니다. 일단 아이의 감정이 소강될 때까지 놀이를 중단하고 잠시 기다린 후, "이런 행동을 하면 놀이를 계속할 수 없어."라고 말하고 물러납니다.

그래도 아이의 문제 행동이 반복된다면, 시각적으로 규칙을 볼 수 있게 적어놓고 지키도록 해야 합니다. 간단한 가족회의를 통해 '문제 행동을 했을 때의 벌, 또는 예방하는 방법'을 의논해서 적어놓습니다. 교실에서도 학급 회의로 규칙을 정하는데, 함께 정한 규칙은 효과가 큽니다.

예를 들어, 아이가 놀이에 졌다고 화내는 행동이 반복된다면, 두 번째에는 경고를 하고, 세 번째에는 그날 놀이를 종료하는 것으로 규칙을 정합니다. 이 세 번이라는 횟수에는 이유가 있습니다. 《1-2-3 매직》이라는 책이 있습니다. 아이를 훈육하는 법에 관한 교사용 도서인데, 부모를 위한 버전도 나와 있습니다. 이 책에는 아이에게 세 번의 기회를 주라고 합니다. 두 번의 경고 후, 세 번째에는 조치를 취해야 합니다. 아이는 두 번의 경고신호를 받는 동안 스스로 반성하고 자기 행동을 고칠 기회를 얻습니다. 경고는 무섭게 할 필요도, 협박조로 할 필요도 없습니다. 그저 짧고 분명하게 "그 행동은 경고야." 또는 "경고 한 번"으로 간단히 말하면 됩니다. 기회를 두 번 가졌음에도 세 번째 또 같은 잘못을 했을 때는 타임아웃이나, 벌 등으로 책임을 질 수 있도록 합니다. 부모가 어떨 때는 여러 차례 허용하다가 어떨 때는 한 번 만에 화를 내는 것보다 세 번이라는 분명한 기준을 미리 알고 있는 것이 아이에게도 혼란스럽지 않습니다.

종이에는 이런 식으로 적어두세요. 보드판이나 A4용지 등 어떤 것을 이용해도 됩니다. 단, 잘 보이는 곳에 붙여두어야 합니다.

놀이 규칙

1. 화내는 행동으로 세 번 경고받으면, 놀이를 그만합니다.
2. 자기 마음대로 하려는 행동으로 세 번 경고받으면, 10분 동안 놀이에서 빠집니다.
3. 물건을 집어 던지면, 방으로 들어가 1분 동안 반성하고 옵니다.
4. 놀이터에서 친구를 때리면, 즉시 집으로 옵니다.

아이 이름 〔서명〕

규칙은 처음에는 한 개만 정해서 적어둡니다. 나머지는 또 다른 문제행동으로 추가 규칙이 필요할 때 추가하면 됩니다. 처음부터 너무 많은 규칙을 정하고 적어두는 것보다 한 가지씩 수정해 나가는 것이 훨씬 쉽고 효과도 좋습니다. 이렇게 규칙을 적어서 붙여놓을 때는 반드시 아이들과 의논하고 동의를 받아야 합니다. 마지막에 아이들과 함께 잘 지키겠다는 의미로 서명도 하세요.

집에서 이렇게 가족들과 문제해결책을 의논해 본 아이는, 친구들과의 문제상황에서도 빠르게 해결책을 생각해 냅니다. "이 문제는 이렇게 해결하는 게 어떨까?" 하고 말이지요. 예를 들어 친구들이 모두 서로 그네를 타겠다고 싸우는데, 우리 아이가 해결책을 제안합니다. "얘들아, 내 생각에는 모두 돌아가면서 스무 번씩 타면 좋을 것 같은데 어때?" 이렇게 평화로운 해결책을 제시하는 아이는 친구들의 신임을 얻고, 친구들도 잘 따릅니다.

이러한 규칙들은 학교에서도 통용되는 규칙입니다. 객관적으로 절대 허용해 줄 수 없는 행동은 어릴 때부터 가정에서 조절하는 법을 배워야 합니다. 규칙을 지키려고 노력하는 습관이 가정에서부터 길러져 온 아이들은 학교에서의 적응도 쉽게 잘합니다. 입학한 아이들이 가장 어려워하는 게 지켜야 할 규칙이 많다는 것입니다. 이전과는 다른 새로운 환경에 적응해야 하는 게 어린아이들에게 힘들기도 할 것입니다. 그러나 가정에서 이미 규칙준수 능력이 함양되어 온 아이는 모범적으로 생활하여 선생님과 친구들의 사랑을 받습니다. 얼마나 멋진 일인가요. 집에서는 부모님의 말씀을 잘 듣고, 학교에서는 훌륭하게 생활하는 아이. 우리 아이도 충분히 이렇게 키울 수 있습니다.

남들이 부러워하는 엄마들, 그 여유로움의 비밀

풍경 1. 양들이 뛰어논다. 양치기 또한 여유롭게 양들이 풀 뜯어 먹는 모습을 흐뭇하게 바라본다.

풍경 2. 양들이 레이더를 곤두세우고 급히 풀을 뜯는다. 양치기 또한 불안하기 그지없다.

이 둘의 풍경은 왜 이리 다를까요? 첫 번째 목장에는 울타리가 있고, 두 번째 목장에는 울타리가 없기 때문입니다. 울타리가 단단하게 쳐진 목장에서는, 걱정할 필요가 없습니다. 그 울타리 안에서는 모두가 안전하기 때문입니다. 울타리 없이 마음대로 행동하는 아이들은 자유로울 것 같지만 실은 불안합니다. 울타리가 설정되어 있고, 어디까지가 내가 안전하게 뛰어놀아도 되는 범위인지 아는 아이는 안정되어 있고 행복합니다. 우리 아이에게 허용 가능한 분명한 선을 알려주세요. 늘 여유로워 보이면서도 훌륭한 양치기는 바로 울타리를 단단하게 세워둔 이입니다.

놀이 규칙 회의 방법

앞서 소개한 가족회의의 방식을 그대로 따라도 됩니다. 지금 소개하는 방법은, 놀이 규칙을 정하는 것에만 집중한 방식입니다.

1. 놀이하며 불편했던 일을 돌아가며 나눕니다. "나보고 못 한다고 화내고 뭐라고 하는 게 불편했어."

2. 다수가 동의하는 불편한 점을 한 가지 고릅니다. 그것을 예방하기 위해 어떤 규칙을 새로 만들어야 할지 의논해 봅니다. "비난하는 사람한테는 경고를 주고, 경고가 세 번이 되면 놀이에서 빠졌으면 좋겠어.", "완전히 그날 놀이에서 빠지게 해야 할까? 아니면 한 게임만 빠지게 해야 할까?", "세 번이나 경고했으니까 두 게임 정도 빠지면 될 것 같아."

여기에서 주의할 것은 누가 그렇게 했는지 말하면서 '그 사람'을 비난하는 분위기로 만들면 안 된다는 것입니다. "누나가 그랬잖아!", "이거 네가 맨날 하는 거네?", "맞아, 형이 이래서 정말 짜증 났다니까!" 이런 식이 되면 안 되지요. 누가 그랬는지는 말하지 않고, 불편했던 '행동'만 말하도록 합니다.

3. 함께 동의하여 정해진 규칙을 잘 보이는 곳에 써 붙여둡니다.

친구에게 인정받는 아이가 앞서갑니다

4장

사랑에도
거리두기가
필요합니다

자존감 높은 아이가
또래유능성도 높습니다

자존감이 아이를 버티게 합니다

제 자존감은 육아를 할 때 바닥을 찍었습니다. 자존감은 일상에서의 작은 성취 경험들이 쌓이면서 높아지는 경향이 있는데, 육아란 도무지 성취 경험을 주지 않는 일이었습니다. 만약 어릴 적에 심긴 자존감의 뿌리가 단단하지 못했다면 저는 버틸 수 없었을 것입니다. 사람은 언제고 어려움을 겪게 되어 있습니다. 좌절과 실패를 한 번도 겪지 않고 나이 들어가는 사람은 없을 것입니다. 저는 인생 최대의 좌절을 육아 시기에 맛봤지만, 우리 아이들은 언제 어떤

175

일로 경험할지 모릅니다. 그때 튼튼하고 단단한 뿌리, 자존감이 제대로 버텨주지 못한다면 어떻게 될까요? 자신을 믿고 헤쳐 나가는 대신, 도망치고 도망치다 인생의 기회와 행복을 망쳐버릴지도 모릅니다. 그래서 아이들에게는 반드시 뿌리 깊고 단단한 자존감을 심어주겠노라 다짐했습니다. 네가 어떤 못난 모습으로 있더라도 사랑해 주고 응원해 주는 엄마가 있음을 알려주고 싶었습니다.

자존감이 높은 아이들은 또래 관계에서도 심각한 상처를 입지 않습니다. 누군가가 자신을 함부로 대한다면 참지 않기 때문입니다. 자신은 그런 식으로 대우받을 사람이 아니란 걸 잘 알고 있으니까요. 또래 관계뿐만 아니라 살면서 수많은 과제를 맞닥뜨릴 아이들에게 자존감은 정말 중요합니다.

자존감 형성에는 양육자의 영향이 큽니다. 어린 시절 양육자에 의해 형성된 자존감은 살아가는 동안 양분처럼 남아 있습니다. 그러므로 많은 전문가가 양육자로부터 얻는 정서적 안정, 애착이 중요하다고 이야기합니다. 보통 자존감은 유아기에 가장 높다가, 학교에 가서 조정됩니다. 또래와 자신을 비교하기도 하고, 여러 과제를 수행해 나가면서 말입니다.

자존감은 학교에서 하는 모든 활동에 영향을 미칩니다. 공부를 할 때도 자존감이 높은 아이들은 어려운 과제 앞에서 포기하지 않고 일단 도전해 보려 합니다. 운동을 할 때도, 친구나 선생님과의 관계에서도 마찬가지입니다. 이렇게 자신을 믿는 마음은, 어떤 일에든 용기를 갖고 부딪혀 볼 수 있게 해줍니다. 그러니 당연히 또래 관계에서도 긍정적으로 작용합니다.

만약 여러 가지 실수로 아이의 자존감을 키워주지 못했다는 생각이 들더라도 자책하지 마세요. 아직 늦지 않았습니다. 자존감이 낮아서 문제가 많던 학생들도, 부모님이 변화하면 빠르게 좋아지는 것을 보았습니다. 그렇게 자존감이 회복된 아이들은 금세 친구들과 잘 어울리게 되고, 학교 활동에 자신감 있게 참여하게 됩니다. 아이들이 어릴수록 변화는 빠릅니다.

간혹 자존감이 낮아도 친구 관계를 원만하게 하는 아이들도 있습니다. 그런 아이들은 보통 특정 시기 친구 관계에서 상처를 입고, 스스로 분석하여 문제 행동을 고치고, 선생님의 조언을 실천하는 등 힘겨운 노력 끝에 자신을 변화시킨 경우입니다. 그런 학생을 보면 엄마의 마음으로 안아주고 싶어집니다. 누군가에겐 자연스러운 일들이, 이 아이에게는 뼈를 깎는 노력으로 얻어진 것이기 때문입니다. 가정 내에서 아이가 수월하게 또래 관계에 대한 성공 경험을 쌓는 데는 그리 큰 노력이 필요한 것도 아닙니다. 사랑한다고 말하며 가만히 안아주는 일, 이 간단한 행위로 아이는 나는 부모에게 사랑받는 존재이며 친구들에게도 사랑받을 수 있는 존재라는 사실을 인지하게 됩니다. 가정에서 북돋운 또래유능성을 연료 삼아 아이는 머나먼 성장의 여정을 즐겁게 달릴 수 있을 것입니다. 증기기관차는 연료의 10퍼센트만을 동력 에너지로 사용한다고 합니다. 100의 힘을 들였는데, 10만 에너지가 되다니 이런 비효율이 또 있을까요. 아이가 또래 관계에서 100의 힘을 들이면 100을 모두 발휘할 수 있게 해주세요. 아이가 머나먼 길을 연료 걱정 없이 당당하게 떠나도록 해주는 성능 좋은 엔진이 바로 자존감입니다.

오늘부터 하루 한 번 아이를 꼭 안아주세요

성공 경험이 많은 아이는 자신을 믿고 세상을 즐겁게 탐험할 수 있습니다. 꼭 대단한 것에 성공하지 않아도 됩니다. 엄마가 "우리 딸 단추를 스스로 채웠네?"라고 말하면, 한 번의 성공 경험으로 남습니다. 아빠가 "우리 아들 혼자서 물을 떠먹었네?"라고 말하면 그 또한 성공 경험입니다. 집에서 이런 칭찬과 사랑을 많이 받은 아이들은 사회성이 좋아 친구들과도 잘 어울립니다. 그러면 아이는 또, 또래 관계를 성공적으로 맺는 경험을 쌓는 것입니다. 아이들이 부모에게 가장 원하고 가장 필요한 것은 별 게 아닙니다. 부모님의 지지와 사랑이면 충분합니다.

아이에게 사랑을 전하는 가장 쉬운 방법을 알려드리겠습니다. 당장 오늘부터 하루 한 번 이상 아이를 꼭 안아주세요. 아이는 이 잠깐의 충전으로, 24시간을 씩씩하게 살아갈 힘을 얻습니다. 내가 부족해도 늘 나를 안아주고 사랑한다고 말해주는 부모님이 있으니까요. 이것이 가장 쉽고 빠르게, 자존감 충만한 아이로 키우는 길입니다. 그러니 꼭 안아주세요. 내 아이를 안기에 가장 좋은 시간은, 언제나 이 순간뿐입니다.

아이의 자존감을 높이는 방법

1. 아이에게 자주, 충분히 사랑을 표현해 주세요.

아이 자존감을 쌓는 가장 기본이 되는 행동입니다. 아무리 많이 표현해도 과하지 않습니다. 할 수 있는 한 많이 사랑한다고 말해주고, 안아주세요. 사랑 표현도 습관입니다.

2. 가정에서 부모님의 권위를 세우세요.

권위가 있는 사람의 칭찬과 사랑은 아이에게 확신을 줍니다. 부모님이 너무 친구처럼 있어주는 것보다, 믿고 따를 만한 존재가 되어주세요.

3. 허용할 수 있는 범위와 없는 범위를 분명하게 알려주세요.

자신의 행동 가능 범위를 미리 알고 조절할 수 있는 아이는 어디에서든 적응을 잘하고 인정받습니다.

4. 아이의 사소한 성공에도 진심으로 기뻐하며 칭찬해 주세요.

아이에게 성공 경험을 자주 제공하고, 충분히 칭찬해 주세요. 그러면 절로 자존감이 올라가겠지요.

5. 학교에서 배우는 것과 같은 보편적인 도덕교육을 해주세요.

사회에 적응하기 쉬우려면 보편적인 방식으로 사고할 수 있

179

어야 합니다. 간혹 우리 가족만의 지침으로, 사회에서는 통용되지 않는 방식으로 아이를 교육하는 가정이 있는데 이는 아이를 혼란스럽게 합니다.

가족간 포옹의 긍정적 영향(중앙일보, 2018년 기사 정리)

뇌가 형성되는 만 5~6세 이전의 신체 접촉은 뇌를 제대로 조직하고 구성하는 데 필수적인 요소입니다. 서울대병원 소아정신과 김붕년 교수는 "청소년, 성인 모두 신체 접촉으로 뇌를 자극하면 뇌 속 연결망이 확충되어 뇌가 발달한다."고 말합니다. 스킨십은 '행복호르몬'인 세로토닌, 도파민, 옥시토신의 분비를 늘리고, '스트레스 호르몬'인 코르티솔의 분비를 억제합니다. 가족 스킨십은 우울증과 불안감 등 정신질환 위험도 낮추므로, 자주 아이를 안아주는 것만큼 긍정적인 아이 양육법도 없는 듯합니다.

엄마, 친구들이 안 놀아줘

대신 싸워주지 마세요

"엄마, 친구들이 안 놀아줘."

"엄마, 오늘 친구가 나 놀렸어."

"엄마, 친구 때문에 속상해."

엄마의 가슴을 덜컥 내려앉게 만드는 말들입니다. 저도 아이를 키워보니 알겠더군요. 엄마들이 이런 말을 듣고 담임선생님에게 전화하는 일이 얼마나 커다란 불안감 때문인지를요. 사실 집에 가서 이런 말을 전하는 아이들이 한둘은 아닙니다. 대부분 우리 아이와 비슷하고, 대부분의 부모는 한 번쯤 이런 말을 전해 듣지요.

아이가 이런 속상함을 토로하면서 부모에게 원하는 것은 무엇일까요? 엄마가 이 말을 듣고 화가 나서 당장 학교로 달려가는 것? 대신 해결해 주는 것? 그 친구를 불러다 간식을 차려주는 것? 어쩌면 이런 해답을 원하는 아이도 있을지 모르겠습니다. 그러나 정말 내 아이를 위한 일은 무엇인지를 생각해 보아야 합니다.

스스로 문제해결력을 발휘하도록 도와주세요

학교에 있다 보면 아이들의 성장과정이 한눈에 보입니다. 계속 그 학교에서 근무하다 보면 1학년 때 담임했던 아이가 5학년, 6학년이 된 모습까지도 볼 수 있습니다. 계속해서 마주치며, '저렇게 잘 지내고 있구나.' 하며 흐뭇하게 바라보기도, '아직 안 바뀌었구나 큰일이네.' 생각하기도 합니다. 동료 선생님들로부터 올해는 어떻게 지내고 있는지 듣게 되기도 하지요.

몇 해 전 친구들과 떨어져 혼자 겉도는 아이가 있어 마음이 많이 쓰인 적이 있습니다. 소풍날이 되었는데 다른 친구들이 함께 돗자리에 앉아서 먹자고 했는데도, 혼자서 떨어져 먹는 것을 굳이 고집하던 아이였지요. 다음 해에 보니 너무도 자연스럽게 친구와 웃으며 어울리고 있더라고요. 귀엽던 2학년이 키가 쑥 커서 제법 의젓하게 3학년이 되어 있는 모습도 감동스러웠습니다.

친구에게 인정받는 아이가 앞서갑니다

부모님들은 아이의 현재 모습만 보고 걱정하게 됩니다. '지금'의 문제에 몰두하면 너무 큰 걱정거리로 다가오지요. 저 또한 그랬습니다. 우리 아이에게 걱정거리가 있을 때, 저는 이 문제가 영원히 계속될 것만 같았어요. 하지만 3년 전에 2학년이었던 5학년 아이와 현재 담임을 맡은 5학년 아이를 함께 놓고 보면, 어찌됐건 아이들은 저마다의 방식으로 헤쳐나가는구나 하는 생각이 듭니다. '2학년일때는 그렇게 불안하더니, 5학년 되니 친구들에게 말조심도 할 줄 알고 다 컸네.', '1학년 때는 친구의 말 한마디에 눈물을 뚝뚝 흘리더니, 3학년이 되니 자기주장도 잘 하네.' 하고요.

그러니 너무 노심초사할 필요 없습니다. 친구와의 갈등은 또래 관계에서 흔한 일입니다. 집에서 한두 번 고민을 말했을 뿐인데, 엄마가 너무 과민반응을 하면 아이에게 오히려 부정적인 인식을 심어 줍니다. 아들을 천재로 키워낸 철학자 칼비테*가 아이에게 절대 가르치지 말라고 했던 감정은 바로 공포와 두려움입니다. 공포심을 너무 많이 심어주면 이겨낼 수 없다고 말했지요. 아직 어린아이들에게 너무 큰 공포심을 주면 친구 관계에도 부정적인 감정이 쌓여 자신 있게 해내지 못합니다. "뭐?! 친구가 그랬다고? 걔 정말 몹쓸 애구나! 빨리 해결하지 않으면 큰일나겠어! 당장 선생님과 이야기 해 봐야지!!"라는 식의 반응을 너무 자주 하거나 과하게 하면 아이

---

* 페스탈로치, 프뢰벨, 몬테소리 등의 학자들이 모두 칼비테의 영향을 받았다.

에게 두려움을 줍니다. '내가 겪은 일이 매우 큰 일이고, 매우 안 좋은 일이구나. 어쩌지?' 하며 아이의 마음 또한 덜컥 내려앉는 것입니다. 그러면 두려움을 심어주게 되는 것이지요.

스스로 해냈을 때 누구보다도 기뻐하는 것이 바로 아이들입니다. 부모에게 그렇게 자랑할 수가 없습니다. "엄마, 내가 이걸 만들어 냈어!" 하고 말입니다. 이때 부모님이 "정말? 대단한데? 정말 잘했다!" 하고 덩달아 기뻐해 주면 아이는 무엇이든 해낼 자신감이 생겨납니다. 친구 관계에서도 이렇게 되어야 합니다.

"엄마! 어제 친구랑 싸워서 기분이 안 좋았는데, 오늘 가서 말을 걸었더니 자연스럽게 화해했어. 오늘은 즐겁게 놀고 왔어!"

"우와! 우리 아들 친구랑 화해하고 왔구나. 먼저 말걸어 본 건 정말 용기 있는 행동이었어! 멋지다! 잘했어!"

이런 대화를 자주 나눈 아이는 친구와의 갈등을 더 이상 두려워하지 않을 것입니다. 오히려 이번에는 어떻게 문제를 해결할지 고민해 보는 기회로 삼을 것입니다. 그리고 그런 경험이 반복되면 또래유능성이 쑤욱 높아지겠지요. '친구관계에서 문제가 생겨도 두려워할 필요가 없구나! 이런저런 방법으로 다가가 보면 해결될 일이구나!' 하고 말이지요.

초등학교에 입학하고 난 뒤에는 부모님이 더 반응을 잘해주어야 합니다. 1년 동안 피할 수 없이 반 친구들과 함께 생활해야 하니 적절한 대처법을 알려주고 아이를 믿어주는 것이 중요합니다. 아이

친구에게 인정받는 아이가 앞서갑니다

에게 더 이상 회피하는 것을 가르치지 않고, 나름대로 문제해결을 하도록 응원해 주어야 하지요.

또래유능성이 높은 아이들에게 있는 능력이 바로 문제해결력입니다. 이 문제해결력은 수학 문제를 풀 때만을 말하는 것이 아닙니다. 실생활에 닥친 다양한 문제를 이렇게도 저렇게도 해보면서 해결할 수 있는 능력입니다. 아이들은 이제 또래 관계에서 문제해결력을 십분 발휘해야 합니다. 친구의 행동에 이렇게 대처해 본 뒤, 저렇게 대처해 보았을 때의 반응도 경험하며 문제해결력이 높아지는 것입니다.

회복탄력성을 키워주세요

또 중요한 것이 있습니다. 바로 회복탄력성입니다. 에밀리 워너(Emily Werner) 박사가 처음 정의한 회복탄력성이란, 어떤 역경을 겪었을 때 그것을 다시 회복해 내는 능력을 말합니다. 회복탄력성이 낮은 아이들은 친구와의 문제에서 회복되는 것이 느리고, 타격이 오래갑니다. 그러나 회복탄력성이 높은 아이들은 금세 회복하지요. 회복탄력성은 훈련으로 높일 수 있습니다. 또래유능성처럼 여러 상황을 경험하고 어떻게 긍정적으로 생각할지를 선택함으로써 높일 수 있습니다. 회복탄력성을 측정하는 검사에서는 크게 세 가지 영역의 지수를 검사합니다. 바로 자기조절력, 대인관계력, 긍정성이지요. 여기에서 대인관계력이 보이시나요? 회복탄력성은 바로 또래유능성과 결을 같이하고 있습니다. 또래유능성이 높은 아이들은 자기조절력과 긍정성 역시 가지고 있습니다.

회복탄력성을 높일 수 있도록 가정에서 자주 이야기 나누어 주세요. 아이들이 겪는 다양한 문제상황마다 '이렇게 해라.', '저렇게 해라.' 말해줄 필요도 없습니다. 집에서 해주어야 할 것은 네가 어떤 문제상황에 빠졌을 때 어떻게 긍정적으로 금방 회복될 수 있는지, 네가 얼마나 또래유능성이 높은 사람인지를 상기시키고 응원해 주면 됩니다. 그러면 아이는 학교에 가서 스스로 경험하며 방법을 찾아갈 것입니다. 그 많은 문제상황 중에 우리 아이가 극복할 수 있는 방법이 무엇인지를 부모조차 다 알 수 없습니다. 마음 근육을 키워주는 일, 그것이 가장 중요합니다.

또래 문제에서 회복탄력성을 높이는 방법

아이에게는 친구와의 갈등이 가장 큰 고민이자, 영구적으로 계속될 수도 있는 심각한 상황으로 받아들여지기도 합니다. 아이가 다음과 같이 생각할 수 있도록 안내하고 도와주세요.

세 명이 친한데 두 명의 친구가 나만 빼놓고 놀 때	
방법	**적용**
1. 지난 일을 떠올리며 자책 하지 않기	'친구들이 내가 싫어하는 놀이를 하자고 했을 때 그냥 같이해 줄걸.' 하고 자책하지 않아요.
2. 문제상황을 보편적, 객관적으로 바라보기(문제를 왜곡, 확대하지 않도록 주의)	친구들이 오늘 나와 안 놀아 주었을 때, '친구들은 모두 나를 싫어해. 나는 이제 놀 친구가 하나도 없어.' 하고 상황을 왜곡하거나 확대하지 않아요.
3. 현재 상황에서 긍정적인 점 발견하기	'그래도 나에게 나쁜 말을 하거나, 화내지 않고 그냥 조용히 둘만 따로 가버린 점은 다행이야.'
4. 다양한 해결 방법을 생각 하기	'내일 어떻게 할지 여러 방법을 생각해 놔야겠어.' 방법 1: 내일 같이 놀자고 먼저 말을 건네본다. 방법 2: 먼저 다가가지 않고 기다려 본다. 방법 3: 다른 친구들과 논다. 방법 4: 혼자 독서하며 시간을 보낸다.
5. 문제상황은 오래가지 않음을 기억하기	'오늘은 속상했지만, 이런 나쁜 상황이 계속되지는 않아. 지난번에도 이틀 만에 화해하고 같이 놀았잖아. 최악의 상황이더라도 내년이면 반이 바뀌잖아?'
6. 그 고민에만 빠져 있지 않도록 다른 활동하기	'내일의 일은 내일 생각하고, 일단 지금 내가 하고 싶은 일을 하며 잠시 잊자.'

7. 나를 수용해 주는 좋은 친구(사람)와 소통하기	'부모님과 이야기 나누거나, 내일 다른 친구에게 내 고민을 이야기해 봐야겠어. 늘 상담도 잘해주고 착한 친구도 우리 반에 있으니까.'
8. 매일 감사할 일 찾기	'오늘 다치지 않고 건강히 하루를 보낸 건 정말 감사할 일이야. 집에 돌아오면 이렇게 나를 사랑해 주시는 부모님이 있다는 건 정말 감사할 일이야. 나에게 종일 안 좋은 일만 있는 건 아니야. 감사할 일이 이렇게 많잖아?!'

친구에게 인정받는 아이가 앞서갑니다

포커페이스 유지하기

부모의 반응으로 상황을 인식합니다

예전에 EBS에서 〈아이의 사생활〉이라는 프로그램이 방영되었습니다. 아이들의 본능과 발달에 관한 육아 지침서 같은 방송이었지요. 그 프로에서 이런 실험이 있었습니다. 깊은 구덩이를 만들고, 그 위로 투명한 아크릴판을 덮어 아기가 그곳을 건너갈 수 있느냐를 보는 실험이었습니다. 그 아이들의 출발선 맞은편에는 아이의 엄마가 있었습니다. 아이들은 엄마의 표정을 보고 갈지 말지를 판단했습니다. 엄마가 웃어주며 오라고 손짓할 때, 대부분의 아이는 두려움을 극복하고 그 길을 지나서 엄마 품에 안겼습니다. 엄마가 근심 가득한 표정으로 아이를 보고 있을 때, 아이들도 엄마처럼 두려운 표정을 하고, 그 길을 지날 시도조차 하지 않았습니다. 이렇듯 아이들은 부모의 반응으로 무엇을 할지 말지를 배워 나갑니다.

　자녀가 집에 와서 친구 때문에 속상했던 일을 말할 때 부모가 보여야 할 반응은 침착함입니다. 아이들은 부모님이 너무 과하게 걱정하는 모습을 보이거나, 대체 무슨 일이 있었냐고 캐묻기 시작하면 뒷걸음질 칩니다. '어? 내가 이렇게 말하니 엄마가 너무 걱정하시네. 엄마의 표정이 불안하네. 다음부터는 말하면 안 되겠다.'라고 생각하게 되는 것이지요. 엄마의 표정이 불안하고 초조해졌다는 것을 아이가 느끼면, 아이도 덩달아 초조해집니다. 실제 자신이 겪은 일보다 더 크게 두려움을 느껴 마치 본인에게 정말로 큰일이 일어난 것처럼 느끼게 되기도 하지요. 위의 EBS 실험에서 엄마의 표정이 어두울 때, 아이도 두려움을 느끼고 장애물을 건널 시도를 하지 않았던 것처럼 말입니다.

　또는 아주 반대의 행동을 보일 수도 있습니다. '어? 이렇게 말하니까 부모님이 나에게 집중하잖아?', '이런 이야기를 할 때마다 부모님이 나를 바라봐 주고 걱정해 주니, 이제 부모님의 관심을 받고 싶을 때마다 자주 이런 이야기를 해야겠다.'라고 생각하는 것이지요. 이런 아이들은 실제로는 사소한 다툼을 겪었을 뿐인데도 부풀려서 말하고 부모님의 걱정과 관심을 이끌어 냅니다. 그러니 아

친구에게 인정받는 아이가 앞서갑니다

이가 하는 말의 중요도를 파악해서 상황에 맞게 일반적으로 반응해 주세요. "오늘 그런 일이 있었구나. 네 마음은 어땠니?", "그래서 너는 어떻게 대처했니? 그 방법은 괜찮았던 것 같니?", "다음부터는 어떻게 했으면 좋겠니?" 하고 갈등 상황을 제대로 파악하면서 스스로 문제를 해결해 보도록 조언하는 것입니다. 그러면 아이 역시 상황을 과장해서 보거나, 두렵게 생각하지 않고 그저 스스로 해결해 나가볼 하나의 경험으로 생각할 수 있습니다.

부모님은 아이가 세상을 바라보는 창입니다. 상황을 크게 해석하고 과하게 걱정하고 그 친구와 다시는 놀지 말라고 허둥대면, 아이는 또래유능성을 키울 수가 없습니다. 오히려 당황하며 위축되고, 친구와 관계 맺는 것은 어렵고 무서운 일이라고 생각하게 되지요. 어쩌면 친구 관계는 자신에게 상처만 남기는 안 좋은 것이라고 몹시 부정적으로 생각할 수도 있습니다. 마음속에서는 〈인사이드 아웃〉 시리즈의 캐릭터인 불안이가 정신없이 뛰어다니더라도, 부디 겉으로는 침착하고 온화하게 이야기 나누어 주세요. 그러면 아이 역시 별일 아니라고 생각하고 금세 다시 친구들 사이에 섞여들 수 있습니다.

꼬치꼬치 캐묻지 마세요

엄마가 아이가 겪은 일을 너무 걱정해서 꼬치꼬치 캐묻는 집들도 있습니다. 아이는 하루 그런 일을 겪고 다음 날은 아무렇지 않게 지내고 왔는데, 하교만 하면 엄마가 묻습니다. "오늘은 괜찮았니? 그 몹쓸 친구가 또 못되게 하진 않았니?" 하며 아이의 표정을 시시각각 살핍니다. 엄마의 너무도 파고드는 질문에 아이는 자그마한 일이라도 기어코 기억해 내서 엄마에게 답해주게 됩니다. "그러고 보니 이런 일도 있었던 것 같네…." 하고요. 그러면 엄마는 또 화가 납니다. '그 못된 것이 우리 아이에게 또 그랬구나. 다시는 못 그러게 납작하게 눌러주고 싶은데 어떻게 하지?' 엄마의 머릿속에는 걱정과 근심과 화가 가득합니다. 그런 반응에 아이는 오히려 그냥 지나갈 일도 심각한 일로 기억하게 됩니다. 엄마의 반응이 아이에게 더 상처를 남기는 것입니다.

저도 아이에게 그런 실수를 한 적이 있습니다. 내 아이가 상처 받지 않기를 바라는 마음에, 친구가 오늘도 그랬는지, 네가 대처를 어떻게 좀 하라느니, 선생님께 도움을 청하겠다느니 아이에게 온갖 걱정을 내비쳤습니다. 아이는 유치원 시절에 있었던 그 일을 4년이 지난 지금도 기억하고 있습니다. 침착한 반응을 보이고 마음을 위로해 주고 그냥 지나가게 둔 일은 기억조차 하지 않습니다. 실제로는 제가 과하게 반응했던 일보다, 대수롭지 않은 듯 넘긴 일이 더 상처받았을 법한 일일 때도 말입니다. 학교에서 상담할 때도 마찬가지로 느낀 적이 있습니다. 고학년 담임일 때 맡았던 아이가 여섯 살 때 있었던 일을 기억하기에 깜짝 놀랐는데, 학부모님과 상담을 해 보니 학부모님이 더 상처받고 오래 기억하고 있었습니다. 아이가 말하는 것과 부모님이 말하는 것이 똑같아서 더 놀랐지요. 아이는 그때 일을 정확하게 기억할 수 있는 나이는 아닙니다. 유아 때의 기억력은 짧으니까요. 부모의 말을 통해 그 일을 기억하는 것일지도 모릅니다.

아이의 말을 침착하게 들어봐 주니 오히려 스스로 적절하게 대처하고 판단하더군요. 제 생각보다 알아서 또래 관계를 잘 헤쳐 나갔습니다. 이렇게 저렇게 해보라고 조언해 줄 때보다, "그래서 어떻게 하면 좋겠어? 네가 생각한 방법이 괜찮을 것 같네. 아니면 이런 방법은 어떨까?" 하고 이야기 나누니 점차 또래유능성이 높아져 갔습니다. '그래, 이런 식으로 차분히 생각해 보고 해결해 보니 안 될 게 없구나. 그렇게 큰 어려움은 없는 거야.' 하고 스스로 자신감이 높아져 갑니다.

이렇게 또래 관계에서 스스로 문제를 잘 해결해 본 경험은 아이의 자신감을 높여주지요. 부모는 아이가 차분히 생각해 보고, 스스로 해결해 볼 수 있도록 응원해 주어야 합니다. 부모님이 해결하겠다고 두 손 걷어붙이고 해결하는 것은, 아이가 스스로 해볼 기회를 박탈하는 것입니다. 당장 무언가를 해주어야 할 것 같은 조급함,

내가 어릴 적 친구들에게 상처받은 경험을 아이도 겪지는 않을까 하는 두려움, 아이가 위축되기만 할까 봐 드는 불안함, 모두 이해합니다. 그러나 우리가 해줄 것은 그 마음을 숨기고 무슨 일이 있어도 상담 나눌 만한 든든한 부모가 되는 것입니다. 아이가 고학년이 되어 부모에게 친구 관계 고민을 숨기는 시기가 오기 전까지, 우리는 최선을 다해 아이가 또래유능성을 스스로 높일 기회를 주어야 합니다. 그리고 고민상담을 요청해 올 때, 최선을 다해 든든한 상담자가 되어주어야 합니다. 그 기회를 놓치지 마세요.

아이들도 우리가 어릴 적처럼 친구 관계에서 상처받을 수 있습니다. 그러나 괜찮습니다. 그런 경험이 하나도 없는 사람은 대처 방법을 배울 수 없습니다. 결핍이 사람을 더 성장하게 만든다고 하지요? 상처가 아이를 더 단단하게 만듭니다. 엄마의 상처를 아이에게 대입하지 마세요. 그저 응원해 주세요. 우리 아이들은 잘 해나갈 것입니다.

포커페이스 유지하기

아이가 문제 상황을 떨어놓을 때 부모가 보여야 할 반응입니다.

1. 침착하게 반응하세요. 걱정스러운 반응이나 호들갑은 No.

2. 꼬치꼬치 캐묻지 마세요. 아이가 말해주는 것만 잘 들어주세요.

3. 아이가 스스로 해결할 기회를 주세요. "어떻게 해결해 보고
   싶니?"
4. 아이의 대처를 듬뿍 칭찬해 주세요. "너 스스로 잘 해결했구
   나. 정말 멋지다!"

아이의 말을 다 믿지 마세요

본인에게 유리한 대로 각색하는 아이들

아이들은 학교에서 친구와 갈등이 있을 때 그 속상한 마음을 집에 가서 부모님에게 말하곤 합니다. 그런데 이때의 말에는 함정이 있습니다. 아이들은 겪은 일을 자기에게 유리한 방향으로만 설명합니다. 예를 들어 친구와 서로 놀리다가 싸웠습니다. 그러면 자신이 친구를 놀린 것은 말하지 않고, 상대방 친구가 자신을 놀린 일만 말합니다. 심지어 본인이 먼저 놀려서 친구를 화나게 했을 때도 말입니다. 아이가 영악해서 그런 것은 아닙니다. 실제로 자신이 당한 것

친구에게 인정받는 아이가 앞서갑니다

이 더 크게 기억에 남았기 때문이거나, 누가 먼저 시작했는지를 잊어버렸을 수도 있습니다. 이럴 때 부모님이 '아, 우리 아이가 본인에게 유리한 것만 말했을 수도 있겠구나.'라고 미리 알고 계셔야 합니다. 그것을 기억하고 아이의 말을 듣는다면, 상대방 아이를 못된 아이라고 생각하며 화를 내거나, 일방적으로 학교폭력을 당하고 있는 것은 아닐까 과하게 걱정하지 않을 수 있습니다. 처음에 아이가 하소연해 오면 마음부터 위로해 주고, 당시에 어떻게 대처했는지, 앞으로 어떻게 대처하면 좋을지 이야기 나누고 넘어가세요. 다음에 또 그런다면 맞서지 말고 무시하거나 도움을 청하라고 조언해 주는 것도 좋습니다. 그런데도 반복적으로 괴로움을 토로한다면 선생님께 상담을 요청하세요. 정말로 아이가 일방적으로 당하는 것인지 여쭤보는 게 좋습니다. 선생님은 이미 상황을 파악하고 있을 것입니다. 간혹 선생님의 눈을 교묘하게 피해서 괴롭히는 아이들도 있습니다. 그런 경우에도 상담을 요청하면 더 관심 있게 지켜봐 주실 것입니다.

혹, 선생님의 입에서 우리 아이도 같이 괴롭힌다거나, 놀리는 일이 잦다는 이야기를 듣게 될 수도 있습니다. 그렇다면 얼른 우리 아이부터 훈육해야 합니다. 우리 아이를 괴롭힌 친구를 혼내주길 바라며 연락드렸는데, 원치 않는 이야기를 듣게 되어 언짢아하는 분들도 있습니다. 선생님은 되려 우리 아이가 문제라는 식으로 이야기했다며 화를 내고 믿지 않으려고 하지요. 그러나 99.9퍼센트의

확률로 선생님의 말씀이 맞습니다. 이렇게 잘 알고 있는 저도, 우리 아이의 문제가 되니 선생님의 말씀을 믿지 않고 싶은 마음이 불쑥 들더군요. 직접 경험한 후에야 왜 부모님들의 반응이 그런지 십분 이해하게 되었습니다. 우리 아이의 말을 더 믿고 싶은 마음, 우리 아이의 말이 맞았으면 하는 마음, 충분히 이해합니다. 그렇지만 보통은 교육전문가인 선생님들의 말씀이 대부분 맞습니다. 그런 상황을 수없이 봐오셨기에 객관적으로, 정확히 판단할 수 있는 분들이시지요.

"어머니, 저를 전적으로 믿으셔야 합니다." 드라마 〈스카이캐슬〉에서 나온 명대사입니다. 이 말을 정말 해주고 싶습니다. 선생님의 말을 믿어주세요. 그리고 조언을 구해보세요. 아이들은 자기 잘못을 쏙 빼놓고, 친구의 잘못만 말할 수도 있습니다. 그러나 아이가 그러려고 그런 것은 아닙니다. 듣는 우리 부모들이 그 말이 다가 아니겠구나를 생각하며 들어주어야 합니다.

선생님을 믿는 모습을 보여주세요

학기 초 가정통신문에는 이런 문구가 있습니다.

'아이의 학교생활에 관해 궁금한 점이 있을 때는 아이의 말만 듣지 마시고, 담임교사에게 문의 바랍니다.'

선생님들이 이런 문구를 새 학기 가정통신문에 넣게 된 이유가 있습니다. 아이의 말만 듣고 오해가 쌓여 들어오는 당황스러운 민원이 너무도 많기 때문입니다. 부모님들은 아이가 전하는 말을 듣고는 '우리 아이가 친구에게 깊게 상처받은 건 아닐까? 이게 학교 폭력 같은 걸까?' 하고 크게 걱정합니다. 그러나 이상하게도 선생님에게는 아무런 연락이 없습니다. '선생님은 우리 아이가 당하는 문제를 모른 척하고 넘어가시려는 걸까? 우리 아이에게 무슨 일이 생긴 건지 정말 모르시는 건가?' 하고 이번에는 선생님을 원망하게 됩니다. 한 아이를 같은 마음으로 길러내야 할 부모님과 선생님 사이에 불신이 생기기 시작하면 아이에게도 분명히 부정적인 영향이 미치게 됩니다.

우리 아이가 다니는 학교의 교육설명회를 들으러 간 적이 있습니다. 교장 선생님은 마이크를 잡고 이렇게 말씀하셨습니다. "아이 앞에서 선생님에 대해 부정적인 말을 하지 마세요. 그렇게 하는 순간 아이 교육은 끝입니다." 정년퇴임을 한 해 앞둔, 교육자로서는 최고 경력을 이룬 분이 하는 말씀이었습니다. 저는 그 말의 의미를 정확하게 알고 있었습니다. 저도 교사로서 잘 알고 있으니까요.

아이를 잘 키운다는 것은, 아이가 부모 품을 떠난 어느 곳에서도 잘 적응하고 인정받고 지내도록 키워주는 것입니다. 그 첫 시작은 학교입니다. 학교를 보내며, 부모님이 하는 말씀은 아이의 학교 적응에 큰 도움이 됩니다.

"학교에 가면 선생님 말씀을 잘 들어야 해. 선생님이 말씀해 주시는 규칙을 잘 지키는 게 중요하단다." 이렇게 자주 강조해서 학교에 보내면, 아이는 엄마의 말대로 선생님의 지도를 중요하게 여깁니다. 설사 서투르더라도 노력하려는 모습을 보이지요. 선생님들도 빤히 압니다. 이 아이가 선생님 말씀을 잘 들으려 하다가 실수한 것인지, 선생님 말을 중요하게 여기지 않았는지를요.

간혹 아이들 앞에서 담임선생님을 평가하고 부정적인 말을 하는 가정도 있습니다. "올해 담임선생님은 별로 마음에 안 드는 것 같네. 작년 선생님보다 표정이 어두우셔. 아이들에게 가르치는 방식도 수긍이 가지 않아." 이렇게 말하는 부모님을 본 아이는 어떻게 될까요? 분명 '우리 선생님은 믿을 만한 분이 아니니 따르지 않아도 되겠구나.'라고 생각하게 될 것입니다. 아이는 교사의 말을 잘 듣는 대신, 제멋대로 행동하게 됩니다. 선생님이 꾸중해도, 동의하지 않겠지요. 어느 날은 혼란스러울 것입니다. 엄마와 선생님 중 누구의 말이 맞는 걸까 하고요. 내가 선생님을 따르는 것이 엄마에게 불편한 일은 아닐까 싶기도 하겠지요.

부모로서 아이가 학교에 잘 적응하게 돕는 가장 첫 번째 태도는, 선생님을 신뢰하고 선생님과 한편이 되는 것입니다.

아이에게 더 정확한 사실을 들을 수 있는 질문

1. **"그래서 너는 어떻게 행동했어?"**

   아이는 상대방 친구가 한 행동만 이야기할 가능성이 큽니다. 그러니 이 질문으로 우리 아이가 한 행동은 어땠는지를 파악해 주세요.

2. **"처음에 누가 시작한 거야?"**

   아이는 자신에게 인상 깊은 장면만 전달합니다. 처음 어떻게 시작해서 그런 일이 벌어진 건지를 물어봐 주세요. 그러면 사건의 원인이나, 전후 관계를 파악할 수 있습니다.

3. **"그 친구는 왜 그런 행동을 했다고 생각해?"**

   우리 아이가 제공한 원인은 없었는지를 파악할 수 있습니다. 또한 친구의 행동 동기를 파악하려고 노력하게 하여, 아이가 타인의 입장을 이해하고 공감할 수 있도록 도와줍니다.

이런 대화를 통해 사실관계를 더 정확히 파악하고 나면, 선생님께도 더 효율적으로 도움을 요청할 수 있습니다.

선생님이 기억하는 멋진 아이 5

저는 고등학교 교사입니다. 선택과목을 제 교과로 선택해서 수능을 쳤던 전교 1등 학생이 수능 다음 날 교무실에 찾아와서 "선생님 덕분에 만점을 받았어요. 감사합니다." 하고 감사인사를 하고 갔어요. 평소 실력만으로도 충분히 만점을 받았을 아이인데, 일부러 찾아와서 감사인사까지 해주니 정말 감동이더라고요. 고등학교 1학년 때부터 한결같이 선생님을 존중하고 공손한 모습을 보였던 아이였습니다. 이런 태도 덕분에 언제나 인기가 많았지요. 본인이 공부를 잘하는 것뿐만 아니라 선생님은 더 열심히 가르치게 만들고, 친구들에게도 더 잘해야겠다는 자극을 주는 훌륭한 친구였습니다. 오래도록 잊히지 않을 아이입니다.

-12년차 중등교사 꿈을꾸다 선생님

친구에게 인정받는 아이가 앞서갑니다

개입해야 할 때와
말아야 할 때를 구분하기

학교는 안전한 연습장소입니다

아이가 친구 관계로 힘들어하거나 고민한다면 부모의 입장에서는 당장 개입하여 문제를 해결해 주고 싶어집니다. 그러나 아이가 초등학교에 입학하고 나면 부모의 개입은 최소화해야 합니다. 여러 전문가들 역시, 부모가 아이의 친구 관계에 개입하는 것은 역효과만 가지고 온다고 말하고 있습니다.

친구들이 놀아주지 않는 동우(가명)라는 아이가 있었습니다. 담임선생님이 중재해 보려 학생들과 상담해 보니, 원인이 동우 엄마라는 겁니다. 동우 엄마가 우리 동우에게 상처 주지 말라며 친구들을 혼냈다고 했습니다. 이 이야기만 놓고 보면 '고놈들 참 못됐네. 엄마가 걱정되어서 상처 주지 말라고까지 했는데, 도리어 더 따돌렸다고?'라고 생각할 수 있습니다. 그러나 아이들 입장에서 한 번 생각해 볼 필요가 있습니다. 아이들 간의 갈등은 사실 흔한 일입니다. 친한 무리라고 해서 일 년 동안 서로 사이좋게만 지내지도 않습니다. 즐겁게 놀다가도 한순간 감정이 상해 싸우기도 합니다. 그러다 화해하기도 하면서 친구 관계를 연습해 나갑니다. 어느 날 서로 의견이 안 맞아 틀어졌는데, 친구의 엄마가 나타나서 "너희 우리 애한테 나쁘게 행동하지 마! 또 그러면 아줌마가 혼내줄 거야!"라고 합니다. 그러면 다시 이 친구와 어울릴 수 있을까요? 오히려 조심스러워 피하게 될 것입니다. 그리고 곧장 친구들 사이에 소문이 납니다. '쟤는 엄마가 너무 간섭이 심해서 같이 놀면 혼나는 수가 있어.' 그 의도가 어쨌든 이런 식으로 흘러가게 됩니다. 아이들은 '어머니가 자식을 너무 사랑하셔서 걱정되는 마음에 그러시는구나. 걱정하지 않으시도록 우리가 그 친구를 잘 보듬어 주어야겠다.'라고 생각할 수 있는 성인군자가 아닙니다.

학교는 작은 사회라고 불립니다. 진짜 사회에 내던져지기 전연습할 수 있는 장이 되어주지요. 학교는 성인이 되어 마주할 날것의 사회보다는 훨씬 안전한 사회입니다. 그러니 학교에서 충분히 연습해 보고 여러 상황에 맞닥뜨려 봐야 나중에 잘 대처할 수 있습

친구에게 인정받는 아이가 앞서갑니다

니다. 학교에서 너무도 안전했던 아이들은 오히려 사회에 나가서 당황합니다. 연습 없이 실전에 바로 투입되는 상황을 상상해 보세요. 공부를 못했는데 시험장에 가 있는 것, 총기 사용법도 못 배웠는데 전쟁에 투입되는 것, 발차기도 배우지 못했는데 시합장에 떠밀려 나간 것과 같은 상황입니다. 아이들은 학교에서 충분한 연습 기회를 얻어야 합니다. 아이가 스스로 해볼 수 있도록 믿어주세요.

개입이 아닌 도움을 주세요

아이의 친구 관계 문제를 대할 때의 자세는, 개입해서 해결해 줄 방법을 찾는 것이 아니라, 우리 아이를 살피는 것입니다. 대화할 때 침착하게 우리 아이의 마음을 잘 살펴보세요. 일방적인 조언보다는 의논하는 방식으로 대화가 이루어져야 아이의 마음을 더 제대로 들을 수 있습니다. "그 친구 아주 별로구나. 하지 말라고 해. 선생님께도 말씀드리고!"라고 일방적으로 말한다면, 아이는 엄마가 다그치는 상황 때문에 어떤 마음인지, 어떻게 하고 싶은지를 하나도 살펴볼 수가 없습니다. 먼저 아이에게 물어보세요. "그래서 너는 어떻게 하는 게 좋을 것 같니? 지금 네 마음은 어떠니?"라고요.

아이의 마음을 살피는 것은 지금 상황의 심각성이 어느 정도인지를 파악하는 데 크게 도움이 됩니다. 지난번에는 "조금 속상하긴 한데, 그래도 내일은 같이 놀고 싶어."라고 말했다가 이번에는 "엄마, 너무 속상해서 학교도 가기 싫어. 화해하고 싶은 마음도 없어."
라고 한다면 아이의 마음 변화를 살필 수 있겠지요. 반면에 평소에
도 "학교 가기 싫어!"라고 쉽게 말하는 아이라면 "엄마, 나 전학 보
내줘." 하고 엉엉 울 때쯤에야 더 심각해지고 있구나 하고 파악할
수 있습니다. 아이의 변화 과정을 파악할 수 있도록 아이가 언제든
마음을 털어놓을 수 있는 관계를 유지하는 것이 부모님의 첫 번째
과제입니다. 혹시 아이가 너무 쉽게 부정적인 생각에 빠진다면 회
복탄력성을 높일 수 있도록 도와주세요(181쪽 '엄마, 친구들이 안 놀아
줘' 참고).

성향상 친구에게 싫다고 표현하지 못하는 아이도 있습니다. 그
러나 반드시 연습해야 하는 일입니다. 표현을 못하는 채로 커버리
면 나중에 더 큰 문제가 생길 수 있습니다. 스스로 못하니까 엄마가
대신해 주거나, 선생님께 일러서 문제를 해결하라고 한다면 성공
경험을 박탈당하는 것입니다. 싫다는 표현을 할 수 있도록 반복해
서 연습을 시켜주세요. 이때도 아이와 의논은 필요합니다. "네가 친
구의 행동 때문에 괴롭다면 하지 말라고 이야기해 보는 건 어떨까?
스스로 싫다는 표현을 분명하게 할 수 있어야 친구도 알아채고 그
만할 수 있어." 하고 이야기 나누어 주는 것이지요. 아이가 스스로
말해봐도, 해결이 안 되면 선생님께 말씀드리라고 해도 됩니다.

저희 집 아이들은 둘 다 친구에게 불편한 의사 표시를 확실하
게 못하는 아이들이었습니다. 그래서 엄마인 제 마음도 타들어갔지

요. 그러나 분명한 의사표현이야말로 반드시 배워야 하는 사회적 기술이었기에, 집에서 역할극으로 연습도 해보고, 적절한 표현을 알려주는 등 반복해서 가르쳐 주었습니다.

친구에게 충분히 표현했고 선생님께도 말씀드렸는데도, 괴롭힘이 지속된다면 그때는 아이 힘으로 어떻게 할 수 없는 상황입니다. 그러나 아이가 학교생활을 하며 맞닥뜨리는 90퍼센트의 상황은 아이가 스스로 친구에게 싫은 표현을 하고, 선생님께 도움을 구하면 해결됩니다. 반에 정말로 정서가 불안한 아이가 있어서 교사의 지도로도 개선이 되지 않는 학생이 있다면 그것이 아이가 자신의 힘으로 해결할 수 없는 나머지 10퍼센트의 상황입니다. 이 경험으로 아이가 또래유능성이 떨어질까 걱정할 필요는 없습니다. 그런 상황은 반 친구 대부분이 겪고, 그 아이의 상태를 모두가 공감하고 있기에 자신의 실패로 받아들여지지 않습니다. 선생님도 그 아이를 지속해서 지도하고 계실 것이고요. 그 친구의 행동에 동조하고 배우지 않도록만 경계하면 됩니다. 부모님과 충분히 의논하고 자주 대화하는 아이라면, 스스로 옳고 그른 행동을 판단할 수 있을 것입니다.

개입을 해야 할지 말지를 판단하는 기준은 엄마가 아닙니다. 엄마의 기준이 아닌, 아이의 마음을 기준으로 삼아야 합니다. 아이의 마음이 위로 정도로 해결될 수 있는 상태인지, 점점 심각해지는 상황인지 살펴봐 주세요. 한두 번 그저 엄마에게 툴툴대고 마는 이야기라면 그냥 들어주면 됩니다. 나중에 지나고 나면 "그런 일이 있었어?" 대수롭지 않게 지나가는 일들이 대부분입니다.

진짜로 끊어주어야 할 때: 학교폭력 신고

학교폭력으로 신고하면 이런 과정을 거칩니다

친구에게 거부의 표현도 충분히 하였고, 선생님께도 말씀드렸는데, 나아지지 않고 점점 더 심해지는 상황이라면 학교폭력을 고려해 보게 됩니다. 그러나 아직 초등학교 저학년 시기에는 학교폭력 신고까지 가는 일은 흔치 않습니다. 부모님들도 아직 어린아이들이니 잘 모르고 했겠거니 넘어가 주시기 때문이겠지요. 맞습니다. 저학년 아이들은 미숙하여 학교폭력인지 모르고 하는 행동도 많습니다. 그러나 이렇게 모르고 한 일 중에도 따지고 들면 학교폭력인 일들이 많습니다. 교육부에서 배포한 학교폭력 사안 처리 가이드북에 나와 있는 학교폭력의 개념은 다음과 같습니다.

> 학교 내·외에서 학생을 대상으로 발생한 상해, 폭행, 감금, 협박, 약취·유인, 명예훼손·모욕, 공갈, 강요·강제적인 심부름 및 성폭력, 따돌림, 사이버 따돌림, 정보통신망을 이용한 음란·폭력 정보 등에 의하여 신체·정신 또는 재산상의 피해를 수반하는 행위
>
> ※ 개념에서 제시하는 유형은 예시적으로 열거한 것으로, 신체·정신·재산상의 피해를 수반하는 모든 행위는 학교폭력에 해당함

생각보다 광범위하지요? 별표 부분을 보면, 신체·정신·재산상의 피해를 수반하는 모든 행위를 학교폭력으로 보고 있습니다. 이렇게 광범위하기에, 가벼운 것도 걸고넘어지면 모두 학교폭력에 해당합니다. 그러니 이것이 정말로 신고할 만한 일인지를 잘 생각해 봐야 합니다. 판단기준은 부모님의 마음이나 걱정의 크기가 아닙니다. 아이의 마음이 기준이 되어야 합니다. 아이와 충분히 의논하고 도저히 못 견디겠는지, 학교폭력으로 신고하여 조처를 했으면 좋겠는지를 이야기 나누어야 합니다.

학교폭력으로 신고하고 나면 즉시 가해자와 분리됩니다. 그러면 아이들 사이에서도 왜 한 친구가 교실에 없는 것인지 궁금증이 퍼지고 곧 문제 사실이 알려지게 되겠지요. 신고한 아이도 신경이

쓰일 수밖에 없습니다. 나 때문에 친구가 교실에 오지 못하고 있는 것에 대한 미안함과 신고한 것이 잘한 일인가에 대해 걱정이 밀려 올 것입니다. 사안 조사도 이루어지는데, 이 과정에서 아이는 해당 사건을 선명하게 떠올려야 합니다. 보통 양쪽의 입장이 다르므로 한 번에 끝나지 않지요. 이 모든 과정에서 선생님과 부모님, 친구들 (관련자나 목격자 조사도 이루어집니다)이 애쓰는 모습을 보며 잊을 수 없는 기억으로 남을 것입니다.

그럼에도 불구하고 반드시 필요한 일이라면 해야 합니다. 이 모든 과정을 알면서도, 이건 심각한 일이라 반드시 가해자와 분리 해야 하고, 아이를 지켜야 하는 일이라면 저 또한 할 것입니다.

학교폭력 사안 조사가 끝나고 나면 이루어지는 조치는, 학교장 자체 해결과 교육청으로 이관되는 것으로 나누어져 있습니다. 여기 에도 기준이 있습니다.

1. 2주 이상의 신체적 · 정신적 치료가 필요한 진단서를 발급받 지 않은 경우
2. 재산상 피해가 없거나 즉각 복구된 경우
3. 학교폭력이 지속적이지 않은 경우
4. 학교폭력에 대한 신고, 진술, 자료제공 등에 대한 보복행위가 아닌 경우

즉, 일시적이고 보복행위가 없다면 학교 내 자체 종결됩니다.

종종 학생보다 부모님이 더 흥분해서 신고하는 경우가 있습니다. 상대학생에 대한 분노로 섣불리 결정할 것이 아니라, 우리 아이가 어떤 마음인지를 꼭 생각해 보고 결정하길 바랍니다.

학교폭력 신고를 당했다면

처음 학교폭력 처리 제도가 도입된 것은, 심각한 학교폭력으로 피해자를 죽음에 내몬 사건들 때문입니다. 그러나 시간이 흐르면서 너무 경미한 일들조차 학교폭력으로 신고해서 문제가 되고 있습니다. 오히려 가해자가 다른 친구들을 학교폭력으로 보복 신고하는 일도 다수입니다. 이 때문에 학교에서도 학교폭력 담당 선생님의 업무가 정말 과중합니다.

만약 우리 아이가 의도하지 않았으나 학교폭력 신고를 당했을 때의 상황도 생각해 봅시다. 다른 친구가 우리 아이에게 학교폭력을 당했다는 이야기를 듣는다면, 가장 먼저 해야 할 일은 사과입니다. 아이에게만 사과하라고 하지 말고, 부모님도 함께 사과하면 더 좋습니다. 아이는 억울하거나 민망해서 사과하지 않고 삐죽거릴 수도 있습니다. 그러나 만약 부모님이 먼저 나서서, "제가 때린 아이 엄마입니다. 정말 죄송합니다." 하고 사과한다면, 아이는 '내가 잘못한 행동 때문에 우리 부모님이 저렇게 사과하시는구나.' 하는 생각

친구에게 인정받는 아이가 앞서갑니다

에 크게 반성할 것입니다. 사과와 감사 표현은 사회생활의 기본예의입니다. 그런데 요즘은 이 기본예의를 지키지 않아서 감정이 상하는 일도 많습니다. 나도 모르게 친구를 쳤다고 해도 "정말 미안해. 못 봤어. 괜찮아?" 하고 사과하면 당한 친구도 금세 마음이 풀립니다.

잘못을 저질렀다면 책임을 지는 것 또한 가르쳐야 합니다. 아이들도 잘못을 하고 나면 죄책감을 느낍니다. 루소의 '자연벌'이라는 개념이 있습니다. 자연벌이란 내가 한 행동으로 일어난 나쁜 결과를 벌로 느끼는 것을 말합니다. 부모님이 벌을 주지 않아도 나쁜 결과를 받아들이며 죄책감을 느끼게 되는데, 이것이 벌을 받는 것과 같다는 것이지요. 아이가 잘못된 행동을 하고 느끼게 되는 죄책감은 해소해야만 합니다. 죄책감을 해소하지 못하거나 누적되면 심리적·정신적으로 나쁜 결과를 낳게 됩니다. 죄책감 해소는 책임지는 행동으로 가능합니다. 자신이 한 행동의 결과를 책임지지 않고 회피하거나 도망가는 그것은 안 될 일입니다. 잘못한 것을 인정하고 그 결과를 책임져야 합니다. 아이에게 충분히 사과하고, 무너진 신뢰를 다시 세우라고 알려주어야 합니다. 그러면 스스로도 '나는 나쁜 아이가 아니야, 실수했다면 다시 책임지고 돌이킬 수 있는 사람이야. 나는 내 행동을 책임진 사람이야.' 하고 자존감을 되찾을 수 있게 됩니다.

형제와 연습하는 친구 관계

형제는 편히 연습할 수 있는 상대입니다

아이들이 태어나 처음으로 맺는 관계는 부모와의 관계입니다. 그러나 부모와 또 다른 관계를 맺을 기회도 있습니다. 바로 형제*입니다. 형제가 있는 아이들은 가정 내에서 여러 상황을 경험합니다. 형제와 갈등을 겪고 화해하고, 협동합니다. 본격적인 또래 관계를 맺기 전 인간 관계를 충분히 연습해 볼 수 있지요. 물론 집에서 형제와 지

---

* 남매이건, 자매이건 모두 통틀어 형제 관계로 지칭하겠습니다.

친구에게 인정받는 아이가 앞서갑니다

내는 모습과 밖에 나가서 친구와 노는 모습이 확연히 다른 아이들도 있지만, 연습이 된다는 것은 분명합니다. 형제는 타인보다 훨씬 편하게 인간 관계의 시행착오를 해볼 수 있는 좋은 상대이지요.

아이가 기관에 가서 하는 행동들은 선생님에게 듣거나, 아이 입으로 들어 추측만 할 수 있습니다. 그러나 집에서 아이들끼리 하는 행동은 부모님이 바로 볼 수 있지요. 아이가 친구와 기관에서 어울리는 모습은 매 순간 볼 수는 없어서 부모님이 바로 포착하여 교정해 주거나 지도하는 것이 힘듭니다. 대신 형제끼리의 놀이상황은 직접 상황을 보며 코칭할 수 있는 좋은 기회이지요.

형제 관계에서 아이들은 참 많이 싸웁니다. 우리 집 첫째는 둘째에게 다 양보해 줄 정도로 순했고, 둘째는 누나를 많이 따랐습니다. 이런 아이들도 크면서 싸우기 시작했습니다. 자녀들의 싸움에 부모가 너무 개입하지 말라는 한 전문가의 말을 기억하며 일단은 그냥 두고 보았습니다. 그러다가 '이건 좀 위험한데?' 싶거나 '저런 표현을 쓰는 건 그냥 두면 안 되겠다.' 싶을 때는 적절하게 끊어주었습니다. 어떨 때는 의도적으로 끝까지 두고 볼 때도 있습니다. 이 아이들이 갈등이 격해질 때 어디까지 행동하는지를 두고 보는 것이지요.

한 전문가는 형제간에 다툼이 벌어졌을 때, 한 아이씩 방으로 데리고 들어가 따로 훈육하라고 하더군요. 그래서 저도 처음에는 그렇게 해보았습니다. 그런데 그게 어디 현실적으로 매번 가능합니까? 그걸 매번 하려면 온종일 아이 하나씩 데리고 상담해야 할 판입니다. 그래서 그냥 내버려 두기도 하고, 둘이서 해결해 보라고 하기도, 명백한 잘못은 판정해 주기도 하는 등 상황에 따라 이랬다저랬다 하게 됩니다. 그럼에도 긍정적인 건 아이들이 갈등 상황에서 어떻게 행동하는지 직접 보고 고쳐줄 기회가 있다는 것이지요.

혹여, 우리 아이는 외동인데 어떻게 해야 하나 걱정할 필요는 없습니다. 다자녀가정과 외동 가정 중 어느 가정이 더 좋다고 할 수도 없지요. 외동도 장점이 분명합니다. 부모님의 사랑을 듬뿍 차지하고, 스트레스 주는 형제도 없어 평온할 거예요. 다만 말씀드리고 싶은 건, 가정에서 아이가 보이는 모습을 힌트로 삼고, 인간관계의 기본 스킬을 고쳐주고 알려줄 기회로 삼는 것이 아이의 또래유능성을 높이는 데 크게 도움이 된다는 것입니다.

또래유능성을 높이는 형제 관계 훈육법

형제간에도 잘못된 행동과 선 넘는 말은 즉시 훈육해야 합니다. 또래 관계에서 하면 안 되는 행동은 집에서도 못하게 확실히 훈육해야 밖에서도 조심합니다. 엄마의 훈육을 떠올리며 선은 넘지 않게 되겠지요. 그런데 이 훈육이, "이놈의 자식. 그런 말은 쓰면 안 되지!" 하는 호통의 방식이기만 하면 안 됩니다. 왜 그 행동이 잘못되었고, 어떻게 현명하게 생각을 표현하고 행동해야 하는지를 설

친구에게 인정받는 아이가 앞서갑니다

명해야 합니다. 매번 그렇게 설명하기는 힘들겠지만 말입니다. 그래서 저는 즉각적 훈육과 밥상머리 대화를 적절히 섞습니다. 상황에 즉시 개입해야 할 때는 '스톱' 사인을 줍니다. 그리고 식탁에 둘러앉았을 때, 왜 그런 말은 하면 안 되는지를 이야기하고, 너는 어떻게 생각하는지를 물어보는 대화를 합니다. 이 방식은 교실에서도 먹힙니다. 학생들이 잘못된 행동을 했을 때 매번 불러다 상담할 수는 없는 노릇입니다. 학생들의 수와 한정된 쉬는 시간을 생각하면 불가능한 일이지요. 대신에 즉각적으로 제지한 후, 따로 인성교육 시간을 갖거나, 학급회의 시간을 이용해 이야기 나눕니다. 요즘에는 이따금 부모님들께 "왜 이유도 묻지 않고 혼내신 거예요?"라고 민원을 받기도 합니다. 그러나 이는 즉각적인 제지가 필요한 아이 교육을 이해하지 못한 결과입니다. 한집에 한 아이를 키우는 부모도 매번 감정을 읽어주고, 매번 이유를 묻고 들어주는 것은 아주 어려운 일입니다.

아이들에게 갈등보다 협동하고 사이좋게 노는 것이 더 좋다는 것을 느끼게 해주는 것도 좋습니다. 아이들이 부모님을 내 편으로 만들고, 그 힘을 빌려 자기에게 유리하게 활용하게 하는 대신, 아이들끼리 편을 먹도록 해주세요. 의도적으로 "너희 둘"이라고 지칭하며 형제는 팀이라는 인식을 시켜주면 좋습니다. 우리 가족은 나들이를 가서도 엄마가 한 아이 손, 아빠가 또 다른 한 아이 손을 잡고 다니는 대신에, 엄마·아빠가 손을 잡고, 아이 둘이 손을 잡고 걷습니다. 물론 안전한 공간에서만요. 그러면 아이들도 엄마아빠가 저렇게 사이좋게 손잡고 노니, 자연스레 자기 둘도 사이좋게 손잡고 노는 것이 당연하다고 생각합니다.

그렇지만 늘 화목한 모습만 보이기는 어렵습니다. 가끔 아이들 앞에서 부부싸움을 하거나 냉랭한 모습을 보일 수도 있습니다. 그럴 때도 화해하는 과정을 자연스레 보여주세요. 어떨 때는 아무렇지 않게 맛있는 음식을 건네며 화해가 되기도 하고, "미안해." 하고 사과의 말을 전하며 다가가기도 하는 모습을 보며 아이는 배웁니다. 그리고 그 방식을 형제에게 그대로 해보겠지요.

외동아이도 부모님의 이런 모습을 보고 타인을 대하는 법을 배울 수 있습니다. 부모님 중 누군가가 때로는 형제처럼 함께 놀아주면서 좀 더 많은 역할을 부지런히 해주면 됩니다. 갈등 상황에서 현명하게 화해하는 모습과 사이좋게 지내는 것이 더 좋다는 인식. 아이에게 이런 모습들을 가정에서 충분히 학습할 수 있게 해주세요. 부모의 행복 아래, 아이들도 행복해집니다.

좋은 형제 관계 만들기

1. 편애한다는 오해를 만들지 마세요.

동생이 태어났을 때도 첫째를 우선으로 변함없이 관심을 기울여 주세요. 그러면 동생을 나서서 돌봐주기도 한답니다. 아이

친구에게 인정받는 아이가 앞서갑니다

들이 자랐을 때도 최대한 공평하게 대하는 모습을 보여주도록 신경 써야 합니다.

2. 소유를 확실하게 알려주고, 동의를 구하도록 알려주세요.

형제 관계에서 가장 자주 싸우는 것이 소유물에 대한 다툼, 동의를 구하지 않고 멋대로 사용하는 행동 때문입니다. 똑같은 것을 두 개 사주는 것이 가장 좋습니다만 그렇지 못하면 누구의 것인지 확실하게 알려주세요. 그리고 형제간이라도 먼저 허락과 동의를 구해야 한다는 것을 계속해서 알려주세요.

3. 잦은 다툼이 일어날 때

다투지 않았을 때의 이득과 공동목표를 제시해 주세요. 아이들이 한 팀이 되어 목표를 달성할 수 있게요.

예: "일주일 동안 싸우지 않고 사이좋게 지내면, 주말에 원하는 곳에 놀러 갈 수 있어."

부록

또래유능성을 기르는
카드놀이

상황에 맞는 짝 찾기 카드

오려서 사용해 주세요 ✂

친구들과 같이 놀고 싶을 때

친구들이 나와 놀아주지 않을 때

친구가 기분 나쁜 말을 할 때

내 물건을 허락 없이 가지고 갈 때

"다음 차례에는
나도 같이 해도 될까?"

"그만해, 기분이 나빠.
지금 한 말은 사과해 줬으면 좋겠어."

"왜 이러는지 알고 싶어.
오해가 있다면 풀어 보자."

"내 거니까 돌려줘.
다음부터는 허락 없이
가지고 가지 말아 줘."

실수로 친구를 속상하게 했을 때

친구가 칭찬해 줄 때

혼자 있는 친구를 보았을 때

"정말 미안해.
일부러 한 게 아니야.
괜찮아?
다음부터 조심할게."

"고마워.
너도 정말 멋진 친구야!"

"안녕? 나는 ○○이야.
같이 놀래?"

원인과 결과 찾기 카드

(오려서 사용해 주세요)

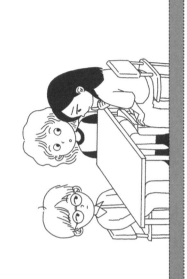

한 친구가 계속해서 말을 하지 않고 있어요.

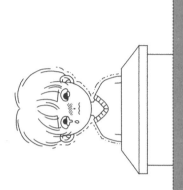

친구가 발표를 하다가 울어요.

친구가 기분 나쁜 말을 할 때

친구를 피해요.

원인(예시)
1. 모둠활동에서 친구들이
   이 친구의 의견을 계속해서 무시했다.
2. 다른 친구와 다투고 화해하지 못했다.
   등

원인(예시)
1. 친구가 물건을 허락없이 만졌다.
2. 친구가 놀렸다.
3. 서로 기분 상하게 하는 말을 했다.
4. 새치기를 했다.
   등

원인(예시)
1. 친구들이 발표를 잘 들어주지 않았다.
2. 발표를 하는 데 방해했다.
3. 친구가 열심히 준비한 발표를 비웃었다.
   등

원인(예시)
1. 친구가 실수했을 때 놀리며 웃었다.
2. 친구가 내가 한 말에 상처를 받았다.
3. 같이 놀기로 했던 약속을 잊고
   다른 친구와 놀았다.
4. 친구의 비밀을 다른 친구들에게
   말해 버렸다.

원인(예시)
1. 친구를 도와줘서 금방 친해졌다.
2. 친구를 칭찬해 줬더니 친구가 고마워하며 같이 놀자고 했다.
3. 친구에게 학용품을 빌려줘서 친해졌다.
등

원인(예시)
1. 새치기를 했다.
2. 먼저 줄 서려고 친구를 밀었다.
등

원인(예시)
1. 힘을 합쳐서 우리 팀이 이겼다.
2. 협동과 배려를 잘해서 좋은 결과를 얻었다.
3. 잘 못하는 친구도 응원해 주며 함께 해냈다.
등

함께하고픈 사람으로
성장시켜 주세요

저에게는 꿈이 있었습니다. 장래 희망란에 쓰는 직업명들은 계속 바뀌어 왔지만, 변하지 않는 진짜 꿈은 바로, "행복 바이러스를 세상에 전파하자!"였습니다. 저는 한 피라미드 구조를 생각해 냈습니다. 긍정적인 제가 세 명의 사람에게 행복 바이러스를 퍼뜨리면, 그 세 명은 또 다른 세 명씩에게 행복 바이러스를 퍼뜨려서 모두 아홉 명에게 전파가 되는 것입니다. 그 아홉 명이 또 세 명씩에게 퍼뜨리면 스물일곱 명, 그런 식으로 세제곱씩 감염자는 늘어나겠지요. 그렇게 저 한 명으로 인해 온 세상이 행복해지는 꿈을 꾸었습니다. 그런데 그 꿈은 선생님이라는 어쩌면 저의 목표에 가장 잘 부합할 수 있는 직업을 하면서 오히려 무너졌습니다. 행복을 전파하려던 저의 꿈과는 무색하게, 학생 한 명을 통제할 수 없는 상황만 맞닥뜨려도 온 학급이 어두워졌습니다. 어둠에 빠진 학생을 구해내

229

려 애써보았지만 역부족이었습니다. 긍정적인 저의 빛 또한 바래져만 갔지요. 그리고 저는 곧 알게 되었습니다. 이건 일개 선생님이 할 수 없는 일이라는 것을요. 아이들의 문제에 있어 가정만큼 중요한 주체는 없고, 가정이 변하지 않으면 아이도 행복해질 수 없다는 결론을 내리게 되었습니다.

그러나 제 아이들을 낳고 엄마가 되면서, 다시 그 꿈을 꾸고 싶어졌습니다. 최소한 우리 아이들에게만큼은 행복을 전해주고 싶었지요. 제 육아의 목표는 저의 아이들을 행복한 사람으로 키우는 것이 되었습니다. 소소한 행복을 찾아내는 눈을 기르고, 감사하는 마음을 심어주면 행복한 아이로 크지 않을까 했습니다. 그러나 행복은 자신의 마음가짐과는 달리 교통사고처럼 한순간에 부서질 수도 있는 일입니다. 사람은 혼자 행복할 수 없습니다. 인간은 사회적인 동물이기에 어쩔 수 없이 사람간의 관계가 행복에 큰 영향을 미치더라고요. 저 또한 살아보니 가장 큰 행복은 좋은 사람들과 좋은 시간을 보내는 것이었습니다. 그래서 우리 아이 주변에 좋은 사람들이 가득하기를 바라게 되었습니다. 진심으로 우리 아이들이 살아갈 사회가 안전하고 행복하기를 바라게 되었지요.

그러고 나서 다시 생각해 보니 학생지도의 어려움 속에서도, 그 힘듦을 희석시켜 주는 멋진 아이들이 떠올랐습니다. 서로간의 날선 비난이 오가는 중에도 변함없이 친구를 응원하고 칭찬하는 예쁜 말들을 나눠주는 아이. 통제가 되지 않는 학생과 실랑이 하느라

지쳐있는 저에게 다가와, "선생님 감사합니다." 하고 힘을 주고 가는 아이 등 셀 수 없이 많습니다. 그런 친구와 함께일 때 아이들 역시 마음 편히 웃을 수 있습니다. 친구들이 좋아할 수밖에 없는 학생이지요. 이런 아이들이 바로 이 사회의 희망 아닐까요.

이런 아이들이 많아지려면 교실이라는 사회가 건강해야 합니다. 그리고 그 안전한 교실 안에서 건강한 관계를 맺어보아야 하지요. 그런데 요즘에는 각 반에 적어도 한둘, 많으면 대여섯까지도 정서 위기 학생들이 있습니다. 이 아이들은 반 친구들을 위험에 빠뜨리고 수업을 방해하고 즐거운 놀이시간까지 망쳐놓지요. 그리고 이제 선생님들에게는 그런 아이를 제지할 힘이 없습니다. 다른 친구를 공격하는 학생을 말리던 교사가 아동학대로 소송을 당하는 일이 수없이 많습니다. 이러한 상황에서 퇴사하는 선생님들도 계속 늘어나고 있습니다. 교육자가 교육할 수 없다는 절망감, 망가져 가는 교실을 보면서도 아무것도 할 수 없다는 슬픔, 다수의 선량한 학생을 적극적으로 보호하지 못한다는 자괴감은 교육현장의 최후 저지선인 선생님들을 무너뜨리고 있습니다. 이것은 공교육이 무너짐으로 인해 발생하는 손실이자, 사회 전체가 떠안아야 하는 심각한 위험입니다.

저는 그래도 희망을 품어 봅니다. 세상에는 선한 사람이 훨씬 많은 것이 분명하고, 문제의식을 갖고 있는 사람들이 있으니, 분명 이런 상황을 타개하는 분위기가 생겨나지 않을까 하고요. 곧 공교육을 다시 정상화하자는 목소리가 커지지 않을까 희망을 품고 있습니다.

저는 그런 희망으로 이 책을 집필하였습니다. 아이들이, 부모님이, 선생님이 서로에게 좋은 사람이 되어주기를 바라는 희망에서요. 이 책의 내용을 풍성하게 채울 수 있도록 도와준 많은 학생들과 학부모님, 동료 선생님께 감사함을 전합니다.

저를 이렇게 훌륭하게 키워주신 부모님, 책을 쓴다는 소식에 진심 어린 응원을 해줬던 가족들과 친구들, 고민의 순간마다 훌륭한 조언을 주는, 존경하는 선배님이자 반려자인 나의 남편, 감사합니다.

그리고, 다사다난한 친구 관계로 엄마의 속을 끓인 나의 보물들 소은·강률아, 너희가 엄마에게 나누어 준 고민들이 이 책을 탄생시켰단다. 정말 정말 고마워. 사랑한다.

친구에게 인정받는 아이가 앞서갑니다